江苏海洋经济地图

（第二版）

江苏省自然资源厅　　编著

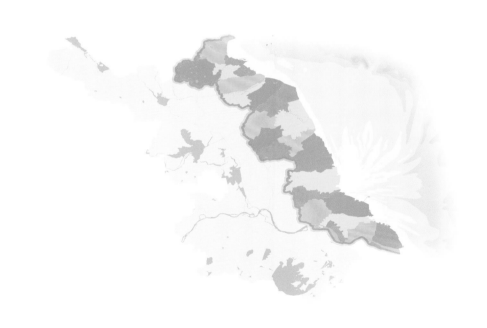

海洋出版社

图书在版编目（ＣＩＰ）数据

江苏海洋经济地图／江苏省自然资源厅编著. — 2
版. — 北京：海洋出版社，2023.5
  ISBN 978-7-5210-1063-3

  Ⅰ．①江… Ⅱ．①江… Ⅲ．①海洋经济－江苏－地图
集 Ⅳ．①P74-64

中国国家版本馆CIP数据核字(2023)第019479号

审图号：苏 S（2023）7 号

责任编辑：林峰竹
责任印制：安淼

海洋出版社出版发行

http://www.oceanpress.com.cn
北京市海淀区大慧寺路 8 号   邮编：100081
鸿博昊天科技有限公司印刷   新华书店发行所经销
2023 年 5 月第 2 版   2023 年 5 月北京第 1 次印刷
开本：787mm×1092mm   1/8   印张：12.5
字数：76 千字   定价：296.00 元

发行部：010-62100090   总编室：010-62100034
海洋版图书印、装错误可随时退换

《江苏海洋经济地图（第二版）》编委会

主　　编　　刘　聪　孔海燕

执行主编　　李如海　王均柏　钱林峰

副 主 编　　顾云娟　方　颖

委　　员　　（以姓氏笔画为序）

　　　　　　吕　林　别　蒙　宋玉兵　陆　飞　陈艳艳

　　　　　　胡德义　钱春泰　崔丹丹　赖震刚

前　言

　　习近平总书记高度重视海洋强国建设，围绕海洋事业多次发表重要讲话、作出重要指示，强调"建设海洋强国是实现中华民族伟大复兴的重大战略任务"。江苏临海拥江，区位优势独特，海洋资源禀赋富有特色。江苏省第十四次党代会提出，加快陆海统筹发展，大力发展海洋经济。江苏省各地、各部门坚持以习近平新时代中国特色社会主义思想为指导，认真学习贯彻习近平总书记关于海洋强国建设和对江苏工作的重要指示批示，按照党中央、国务院决策部署和省委、省政府部署要求，立足新发展阶段，完整、准确、全面贯彻新发展理念、服务构建新发展格局，坚持陆海统筹、江海联动、集约开发、生态优先，全省海洋经济呈现总量提升、质量攀高、结构趋优的稳健成长态势，为推动"强富美高"新江苏建设提供蓝色动力。

　　江苏省自然资源厅认真履行《江苏省海洋经济促进条例》赋予的海洋经济综合管理职责，全面总结"十三五"期间全省海洋经济发展情况，组织编制了《江苏海洋经济地图（第二版）》，以期引导社会公众进一步了解海洋、认识海洋、关注海洋。本书以空间地理信息为载体，海洋经济类图表、文字、数据为主要形式，直观反映了"十三五"期间江苏省海洋经济发展和管理工作成就，并对江苏省"十四五"海洋经济发展规划进行了解读。希望本书能够为各级政府和相关部门、涉海企业和海洋经济工作者以及关心江苏海洋经济发展的读者提供参考借鉴。

　　《江苏海洋经济地图（第二版）》是在江苏省自然资源厅海洋规划与经济处统筹指导下，由江苏省海洋经济监测评估中心牵头、会同江苏省测绘工程院具体编制。本书的编制也得到了江苏省有关部门及沿海沿江设区市、县（市、区）自然资源部门的大力支持，在此一并表示感谢。

　　由于内容涉及面广、编制工作量较大、编者学识和水平有限，错误与不足之处在所难免，衷心企盼广大读者批评指正。

编　者

2022年8月

目　录

第四篇　陆海统筹的蓝色经济带

第五篇　源远流长的海洋文化

第六篇　稳中求进的谋篇布局

得天独厚的区位资源

1

地理区位

中国大陆东部沿海地区中部，长江、淮河下游，东濒黄海，北接山东，西连安徽，东南与上
是长江三角洲地区的重要组成部分。地跨北纬30°45′—35°08′，东经116°21′—121°56′。

海域面积约3.75万平方千米，海岸线长954千米，沿海滩涂面积约占全国滩涂总面积的1/4。

带一路"交汇点，是长江经济带、长三角区域一体化发展国家战略的重要组成部分。

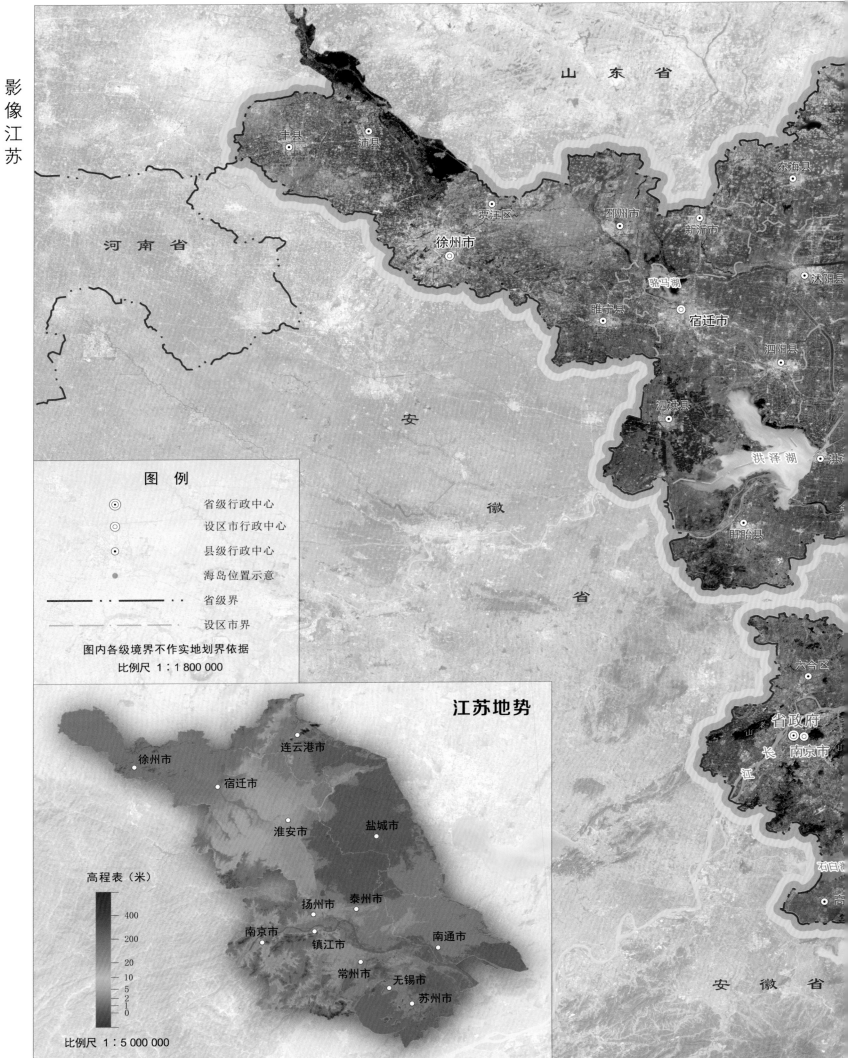

影像
江苏

山 东 省

东海县

河 南 省

丰县　沛县

贾汪区

徐州市

邳州市　新沂市

沭阳县

骆马湖

睢宁县　宿迁市

泗阳县

安

泗洪县

徽

洪泽湖

省

盱眙县

六合区

省政府

南京市

长
江

安 徽 省

图　例

◉　省级行政中心

◎　设区市行政中心

⊙　县级行政中心

●　海岛位置示意

————·—·—·—·——　省级界

————————————　设区市界

图内各级境界不作实地划界依据

比例尺　1 : 1 800 000

江苏地势

连云港市

徐州市

宿迁市

淮安市　盐城市

扬州市　泰州市

高程表（米）

南京市　南通市

镇江市

400

200

20

10

常州市

无锡市

5

2

1

苏州市

0

比例尺　1 : 5 000 000

4

平岛
（属连云港市）

达山岛
（属连云港市）

车牛山岛
（属连云港市）

海州湾

竹岛
莲岛

后云台山

羊山岛

港市

开山岛

南县

响水县

滨海县

射阳县

阜宁县

建湖县

盐城市

大丰区

宝应县

苏

兴化市

黄

东台市

高邮湖

高邮市

泰州市

江都区

姜堰区

海安市

海

麻菜珩

外磕脚

阳光岛

如东县

扬州市

高港区

扬中市

泰兴市

如皋市

镇江市

长

江

靖江市

江阴市

南通市

通州区

丹阳市

张家港市

海门区

启东市

常州市

省

永隆沙

兴隆沙

金坛区

溧阳市

长荡湖

滆湖

常熟市

太仓市

无锡市

昆山市

宜兴市

苏州市

天目山

太湖

吴江区

上海市

东

海

浙 江 省

江苏省大陆海岸线

海州湾

赣榆区

连云区

东海县

海州区

连云港市

灌云县

响水县

灌南县

滨海县

黄

阜宁县

射阳县

海

建湖县

亭湖区

盐城市

盐都区

大丰区

东台市

海安市

如东县

如皋市

通州区

崇川区

南通市

海门区

图 例

連云港市大陆海岸线

盐城市大陆海岸线

南通市大陆海岸线

比例尺1：1 600 000

江苏海岛

江苏省共有海岛26个。连岛是面积最大的基岩岛,入选中国"十大美丽海岛"。"黄海前哨"开山岛获批国家3A级红色旅游景区。

连岛

开山岛

秦山岛

平岛

达山岛

车牛山岛

海洋资源

南黄海辐射沙脊群

南黄海辐射沙脊群，位于江苏中部南黄海近岸浅海区，具有北大南小的不对称格局，总面积约2 017.05平方千米。其生态核心区的中国黄（渤）海候鸟栖息地（第一期）成功列入《世界遗产名录》，是中国第一处滨海湿地类型世界自然遗产，标志着我国世界遗产从陆地走向海洋。

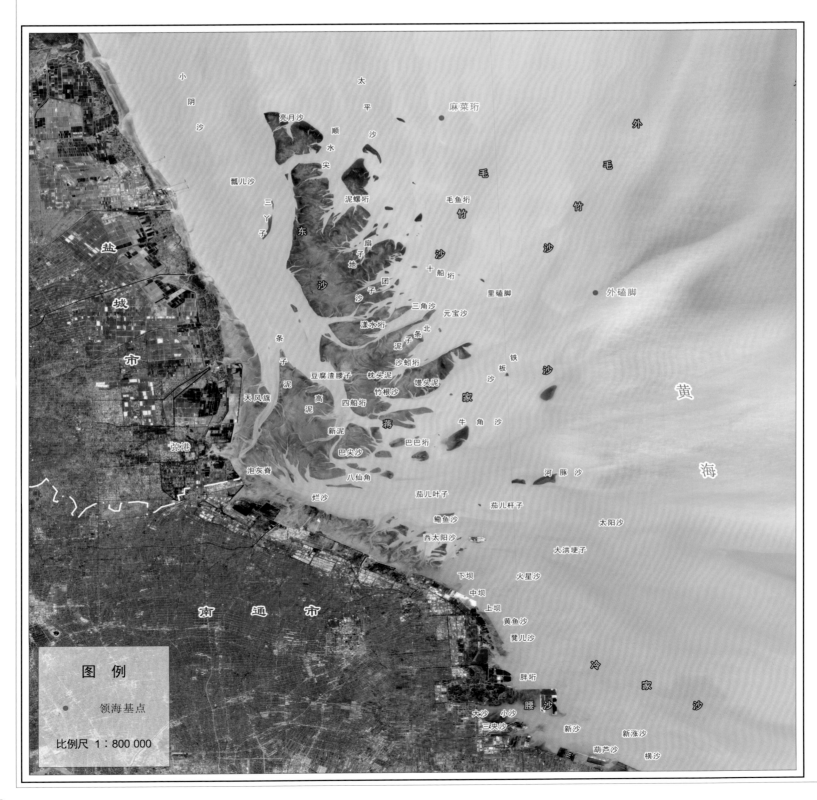

海洋资源

沙洲秋色

珍稀动物

丹顶鹤

麋鹿

勺嘴鹬

疣鼻天鹅

沙洲沙画

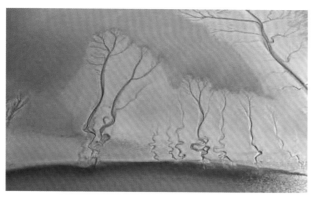

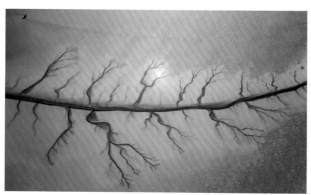
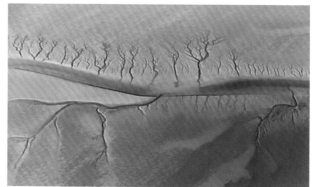

海洋资源

海洋保护区和水产种质资源保护区

前三岛鸟类

达山岛领海基点

海州湾生态系统与自然遗迹
海州湾中国对虾
秦山岛海蚀和海积地貌
海州湾
临洪口湿地
羊山岛自然遗迹和非生物资源
鸽岛海蚀地貌
开山岛海蚀地貌
连云港市

黄

海

盐城海蜇

盐城泥螺石蜌

盐城湿地珍禽

麻菜珩令

盐城市

东沙泥螺四角蛤

大丰麋鹿

蒋家沙竹根沙泥

小洋口

长江如皋段刀鲚
南通市

图　例

Ⓢ	国家级自然保护地
Ⓩ	省级自然保护地
Ⓘ	国家级海洋水产种质资源保护区
Ⓘ	省级海洋水产种质资源保护区

比例尺　1：1 600 000

国家级海洋水产种质资源保护区

保护对象	保护区面积/公顷	保护区核心区面积/公顷
海州湾中国对虾	19 700.0	3 700.0
蒋家沙竹根沙泥螺文蛤	17 430.0	5 430.0
吕四渔场小黄鱼银鲳	310 800.0	87 340.0
长江如皋段刀鲚	2 212.0	548.0
如东大竹蛏西施舌	3 250.2	1 385.4

数据来源：《江苏年鉴2018》

海洋水产资源

文蛤

泥螺

大竹蛏

西施舌

脚领海基点

大竹蛏西施舌

吕四渔场小黄鱼银鲳

南通梭子蟹

长江口（北支）湿地

条斑紫菜

中国对虾

小黄鱼

银鲳

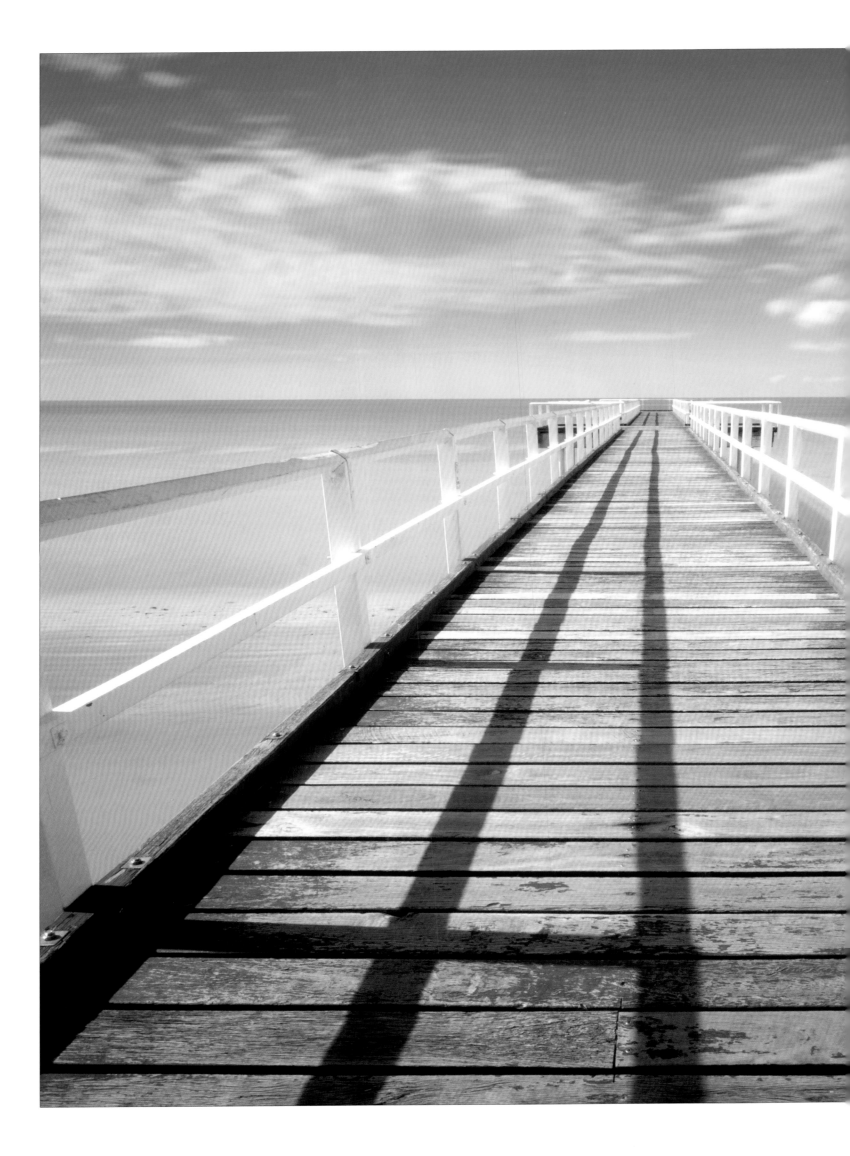

稳健发展的海洋经济

2

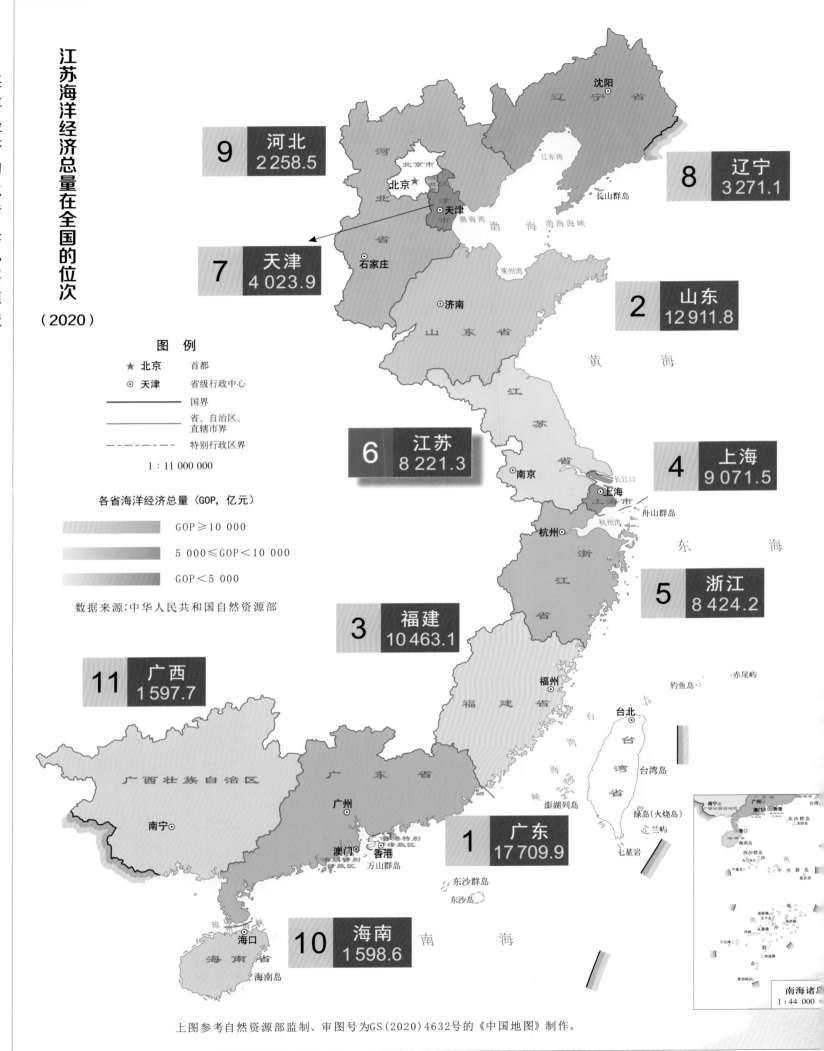

海洋经济动能转换扎实推进

江苏海洋经济总量在全国的位次

（2020）

图 例

★ 北京   首都

⊙ 天津   省级行政中心

—————— 国界

—————— 省、自治区、直辖市界

– – – – – – 特别行政区界

1：11 000 000

各省海洋经济总量（GOP，亿元）

GOP≥10 000

5 000≤GOP＜10 000

GOP＜5 000

数据来源：中华人民共和国自然资源部

9 河北 2 258.5

8 辽宁 3 271.1

7 天津 4 023.9

2 山东 12 911.8

6 江苏 8 221.3

4 上海 9 071.5

5 浙江 8 424.2

3 福建 10 463.1

11 广西 1 597.7

1 广东 17 709.9

10 海南 1 598.6

南海诸岛
1：44 000

上图参考自然资源部监制、审图号为GS（2020）4632号的《中国地图》制作。

2020年，江苏省海洋生产总值达到8 221亿元，占地区生产总值的比重达8.0%，"蓝色引擎"作用持续发挥。"十三五"期间，江苏省海洋经济总量稳步提高，海洋生产总值年均增速达到5.1%，海洋产业结构不断优化，海洋服务业增加值占比提高3个百分点。

江苏省"十三五"期间海洋经济总量

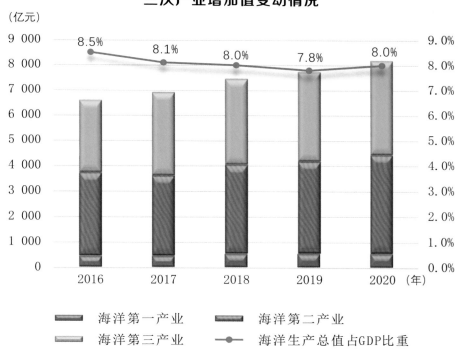

江苏省海洋生产总值和
三次产业增加值变动情况

海洋经济动能转换扎实推进

15

海
洋
经
济
动
能
转
换
扎
实
推
进

2020年，江苏省主要海洋产业增加值3 131.5亿元，海洋科研教育管理服务业增加值1 647.1亿元，海洋相关产业增加值3 442.9亿元，占海洋生产总值的比重分别为38.1%、20.0%和41.9%。

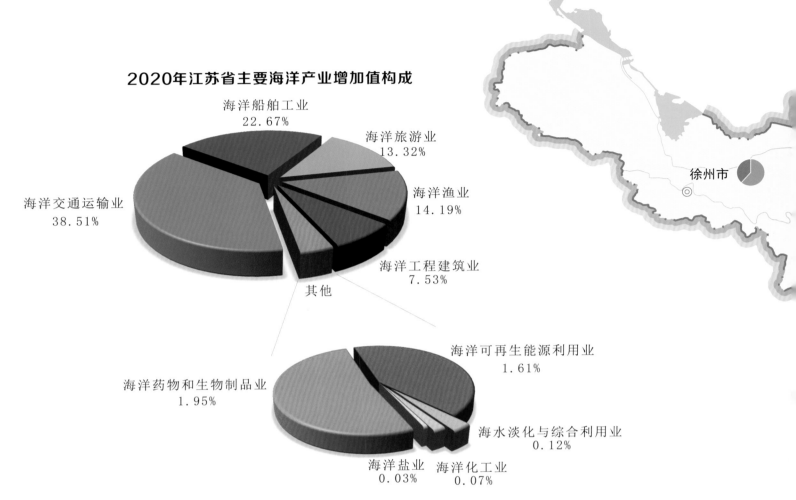

2020年江苏省主要海洋产业增加值构成

海洋船舶工业 22.67%
海洋旅游业 13.32%
海洋交通运输业 38.51%
海洋渔业 14.19%
海洋工程建筑业 7.53%
其他
海洋药物和生物制品业 1.95%
海洋可再生能源利用业 1.61%
海水淡化与综合利用业 0.12%
海洋盐业 0.03%
海洋化工业 0.07%

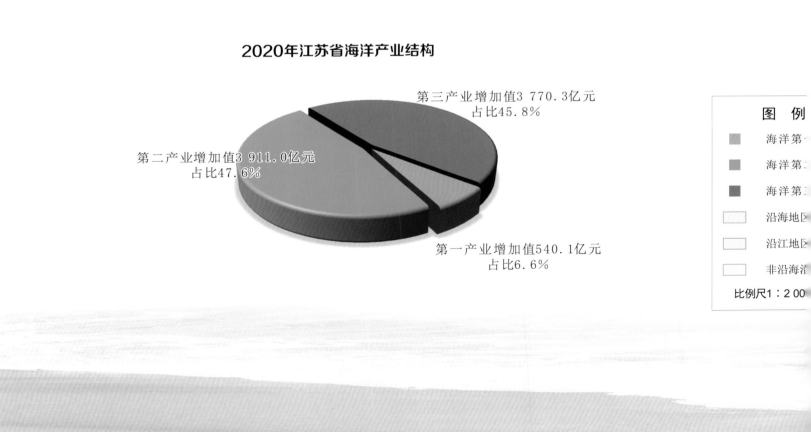

2020年江苏省海洋产业结构

第三产业增加值3 770.3亿元 占比45.8%
第二产业增加值3 911.0亿元 占比47.6%
第一产业增加值540.1亿元 占比6.6%

徐州市

图　例
海洋第一
海洋第二
海洋第三
沿海地区
沿江地区
非沿海
比例尺1：2 00

各设区市海洋产业结构

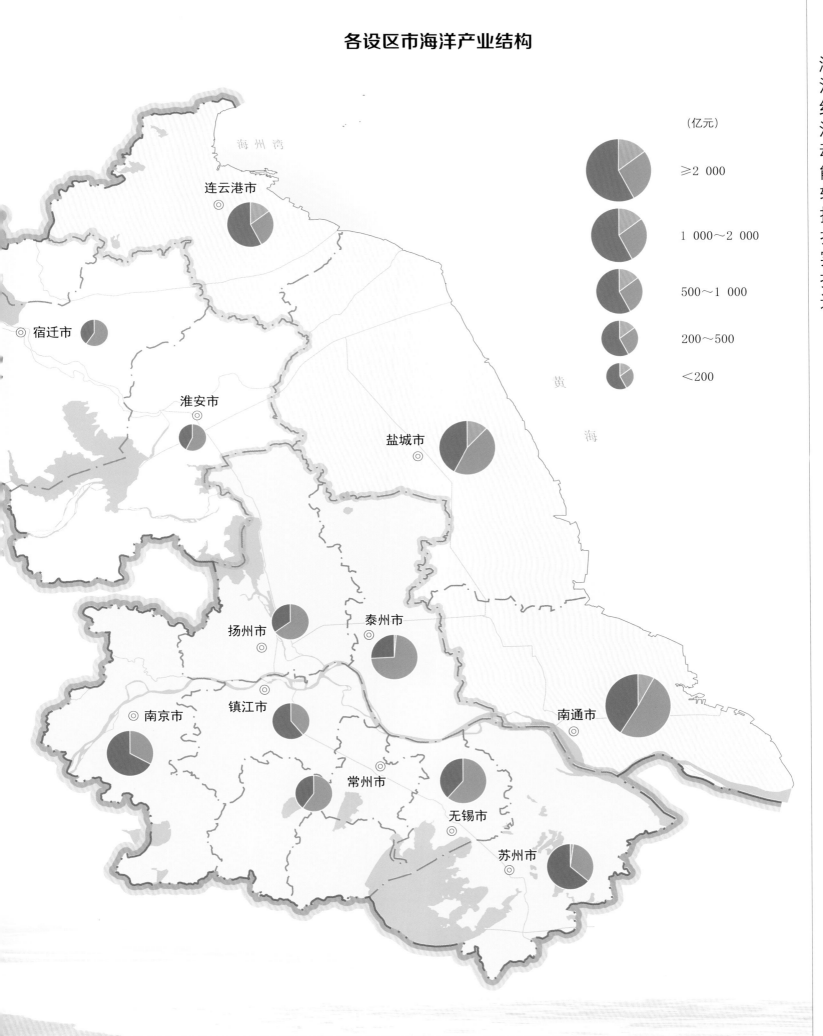

（亿元）

≥2 000

1 000~2 000

500~1 000

200~500

<200

海
洋
经
济
空
间
布
局
更
趋
优
化

"十三五"海洋经济空间布局

　　江苏省"十三五"海洋经济空间布局更趋优化。陆海统筹、江海联动格局进一步深化，形成以沿海地带为纵轴、沿长江两岸为横轴的"L"型海洋经济布局。沿海、沿江地区海洋经济规模大体相当，沿海地区海洋经济占比稳定在53%左右。

江苏省"十三五"沿海、沿江、非沿海沿江海洋经济总量

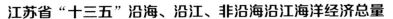

海洋经济空间布局更趋优化

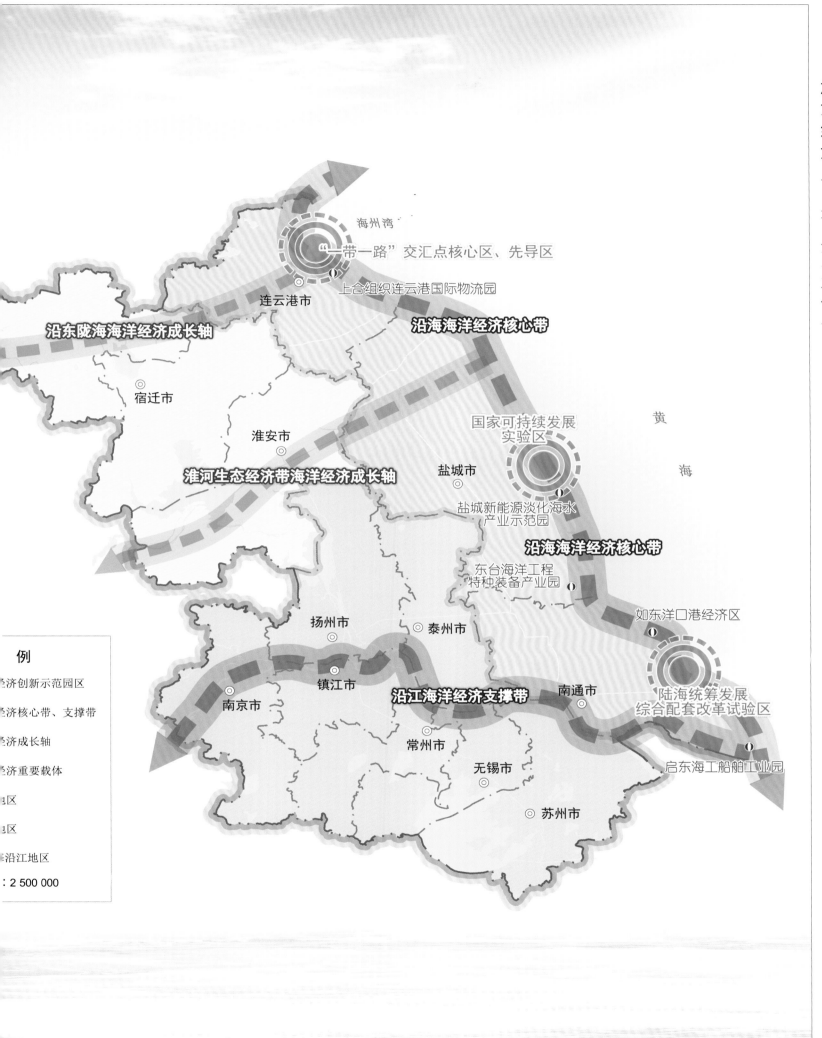

沿海海洋经济核心带

连云港 "一带一路"强支点建设稳步推进，徐圩港区临港产业重大项目集群式落地，中国（江苏）自由贸易试验区连云港片区建设成果突出。

盐　城 淮河生态经济带出海门户建设步伐加快，一批重大临港产业项目竣工投产，海上风电产业带动海洋新能源产业扩能增效。

南　通 通州湾长江集装箱运输新出海口建设初见成效，高技术高附加值船舶和海洋工程装备制造优势彰显。

沿江海洋经济支撑带

　　沿江地区海洋经济优势产业是海洋交通运输业和海洋船舶制造业。沿江规模以上港口货物吞吐量占全省比重在85%左右，造船完工量占全省比重超过80%。涉海设备制造业、涉海产品及材料制造业、海洋科研教育管理服务业等优势地位明显。

图　例

⚓ 国家主要港口

⚓ 地区性重要港口

⬭ 船舶产业密集区

比例尺 1：900 000

海洋经济空间布局更趋优化

赣榆港区

海头中心渔港

海州湾国家级海洋牧场示范区

青口中心渔港 秦山岛东部海域国家级海洋牧场示范区

连云港港

徐圩港区

连云港市 上合组织
连云港国际物流园

灌河口港区

陈家港港区

滨海港区

黄

海

射阳港区

黄沙港中心渔港

沿海滩涂珍禽
国家级自然保护区

盐城新能源淡化海水
产业示范园

盐城市

大丰港区

大丰麋鹿国家级
自然保护区

黄海海滨
国家森林公园

南黄海国家级
海洋牧场示范区

东台中华鲟
省级自然保护区

东台市海洋工程
特种装备产业园

洋口中心渔港 洋口港区

如东洋口港
经济开发区

通州湾港区

海门港区

东灶中心渔港
吕四中心渔港 吕四港区

南通市

南通市

黄

海

苏州港
太仓港区

港区
港区

启东海工
船舶工业园

启东长江口北支湿地
省级自然保护区

图　例

⚓ 国家主要港口

⚓ 地区性重要港口

🎣 国家级中心渔港

🐟 海洋牧场

🌲 森林公园

Ⓢ 自然保护区

◑ 海洋经济创新示范园

　生态通道

　沿海产业和城镇带

比例尺 1∶1 600 000

"十三五"海洋科技创新成就

"蛟龙"号

"天鲲号"

"奋斗者"号

深海技术科学太湖实验室

海洋石油钻

智

近海典型

海洋科技攻关集成、成果转化

"奋斗者"号下潜

作为"十三五"国家重点研发计划"深海关键技术与装备"重点专项核心研制任务，"奋斗者"号于2020年11月完成万米海试，创造了10 909米的中国载人深潜纪录，体现了我国在海洋高技术领域的综合实力。

"天鲲号"作业

"天鲲号"是亚洲最大重型自航绞吸船，由中国船舶工业集团公司第七〇八研究所设计，上海振华重工集团启东公司建造。

图

☐ 沿海

☐ 沿江

☐ 非沿

比例尺1：

海洋科技创新研究

江苏自动化研究所
LNG（液化天然气）海上浮式加注系统

江苏海洋大学
深远海大黄鱼船载舱养工艺与核心装备

南京大学射阳高新技术研究院
便携式应急海水淡化装置

南通润邦重机有限公司
大型绕桩式全回转海洋工程
平台起重装备

江苏省海洋水产研究所
南通滩涂红树植物引种驯化
栽培及生态适应

南京大学
新兴污染物的
及生态风险

南京师范大学
监测关键技术

科学院植物研究所
沿海滩涂植被构建

江苏省海涂研究中心
基于海涂演变的湿地
退化机理及修复

南京工业大学
产养殖网箱的污染防治
及污染物快速清除

河海大学
态海岸立体化监测系统

生物完整性指数的沿海
滩涂生态健康评价

江苏科技大学
浮式防波堤系统设计

江苏科技大学海洋装备研究院
新型高性能海上风电运维船总体设计

镇江赛尔尼柯自动化有限公司
海洋船舶智能供配电系统

中国船舶科学研究中心
透明耐压材料在载人潜水器
谱系化中的应用研究

苏州大学
深海井口油气流量计
开发与产业化

连云港市

宿迁市

淮安市

盐城市

扬州市

泰州市

南京市

镇江市

南通市

常州市

无锡市

苏州市

连云港市海洋经济发展示范区

2018年12月，连云港获批建设海洋经济发展示范区，重点推动国际海陆物流一体化模式创新和开展蓝色海湾综合整治。

连云港市海洋经济发展示范区建设总体布局

连云港市海洋经济发展示范区建设目标

建设大型综合性智慧港口片区，发展现代航运。

建设现代化国际合作物流园片区，构筑现代物流平台。

建设滨海国际商贸生态宜居旅游新城片区，发展旅游、商贸等服务业。

盐城市海洋经济发展示范区

2018年12月，盐城获批建设海洋经济发展示范区，示范区分为滨海片区和东台片区，重点探索滨海湿地、滩涂等资源综合保护与利用新模式，开展海洋生态保护和修复。

滨海片区建设目标

构建淮河通海门户，引领带动沿淮地区发展。

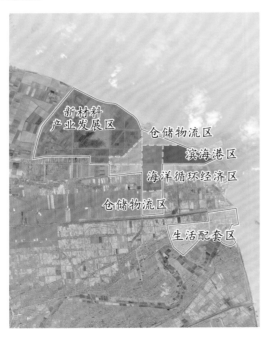

滨海片区建设布局

东台片区建设目标

全面推进绿色发展，实现滩涂资源保护与综合利用高效开发。

东台片区建设布局

海洋经济创新发展示范城市——南通市

2016年10月，南通市获批成为首批国家"十三五"海洋经济创新发展示范城市，重点推进海洋高端装备和海洋生物两大重点产业发展。2020年，南通市示范城市建设成果率先通过国家相关部委验收。

招商局重工（江苏）有限公司牵头"深水半潜式起重平台的研发及配套产业链协同创新"。

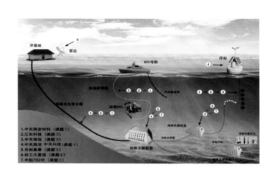

江苏中天科技股份有限公司牵头"深远海立体观测/监测/探测系统关键装备产业链协同创新"。

上海振华重工集团（南通）传动机械有限公司牵头"海洋工程高端装备核心配套件产业链协同创新"。

惠生（南通）重工有限公司牵头"海洋天然气装备关键技术研究及产业化"。

通光集团有限公司牵头"海底网络平台产业链协同创新"。

南通中远海运船务工程有限公司牵头"江苏海洋高端装备检测与应用公共服务平台项目"。

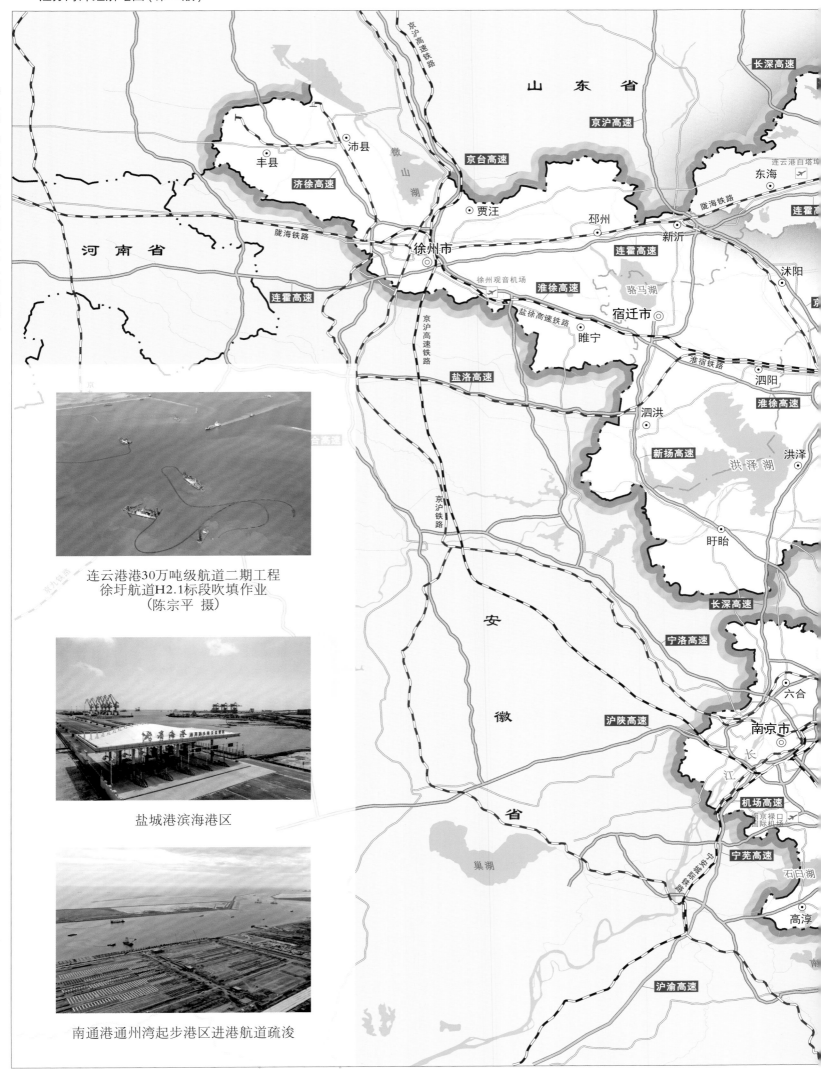

涉海基础设施功能更加健全

连云港港30万吨级航道二期工程
徐圩航道H2.1标段吹填作业
（陈宗平 摄）

盐城港滨海港区

南通港通州湾起步港区进港航道疏浚

山 东 省

长深高速
京沪高速
京台高速
济徐高速
连云港白塔埠
东海
连霍高速
陇海铁路
新沂
沭阳
京沪高速铁路
陇海铁路
连霍高速
沛县
丰县
微山湖
贾汪
邳州
淮徐高速
宿迁市
徐州市
徐州观音机场
盐徐高速铁路
睢宁
泗阳
淮宿铁路
河 南 省
连霍高速
京沪高速铁路
盐洛高速
泗洪
淮徐高速
新扬高速
洪泽湖
洪泽
京沪铁路
盱眙
长深高速
宁洛高速
安 徽
六合
沪陕高速
南京市
省
长 江
机场高速
南京禄口国际机场
巢湖
宁芜高速
石臼湖
高淳
沪渝高速

涉海基础设施功能更加健全

海洋生态环境质量稳步改善

海洋生态保护和修复

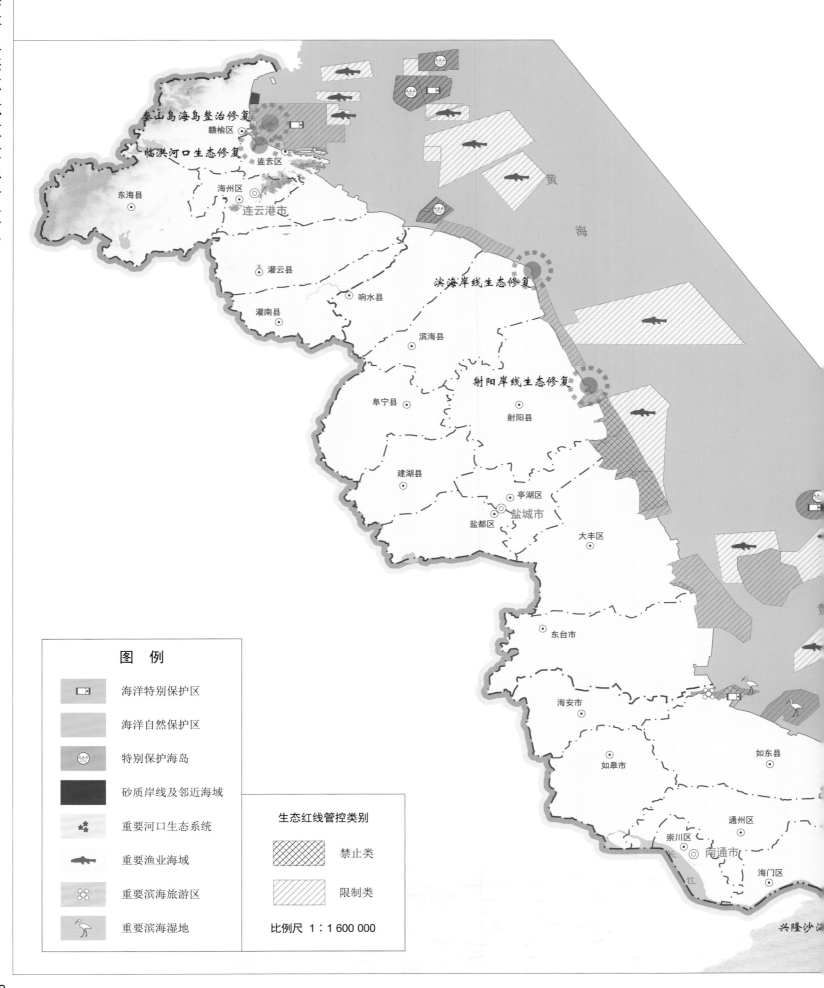

图　例

海洋特别保护区	
海洋自然保护区	
特别保护海岛	
砂质岸线及邻近海域	
重要河口生态系统	
重要渔业海域	
重要滨海旅游区	
重要滨海湿地	

生态红线管控类别

禁止类	
限制类	

比例尺　1：1 600 000

"十三五"期间，江苏省海洋生态环境质量稳步改善。海洋生态红线管控制度、海洋工程全过程监管和陆源污染物入海排放监督得到有效实施，"湾（滩）长制"实现全覆盖。蓝色海湾整治行动取得显著成效。连云港连岛入选全国"十大美丽海岛"。盐城黄（渤）海候鸟栖息地（第一期）列入《世界遗产名录》，填补了全国滨海湿地类世界自然遗产空白。

2020年近岸海域水环境二、三、四、劣四类标准面积占比

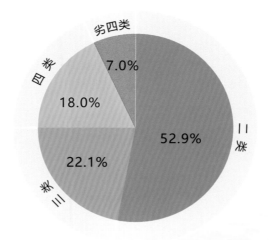

秦山岛整治修复前

整治修复后的秦山岛一号路

羊山岛整治修复前

羊山岛整治修复后

海洋生态环境质量稳步改善

《江苏省海洋经济促进条例》

《江苏省海洋经济促进条例》是全国首部促进海洋经济发展的地方性法规，于2019年6月1日正式施行。

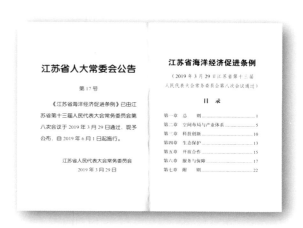

为综合评价海洋经济发展水平，江苏省首创、编制发布了省级"海洋经济发展指数"，建立了"江苏省海洋经济运行监测与评估系统"，是全国首个通过验收并业务化运行的省级系统。

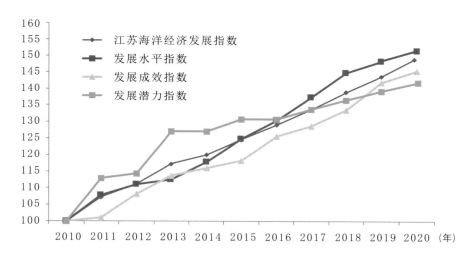

海洋经济调查

江苏省第一次全国海洋经济调查，包括海洋工程、围填海规模、海洋防灾减灾、海洋节能减排、临海开发区和海岛海洋经济等六项调查，对全省、全海洋行业进行了全面覆盖调查。

调查动员

现场调查

涉海企业数量

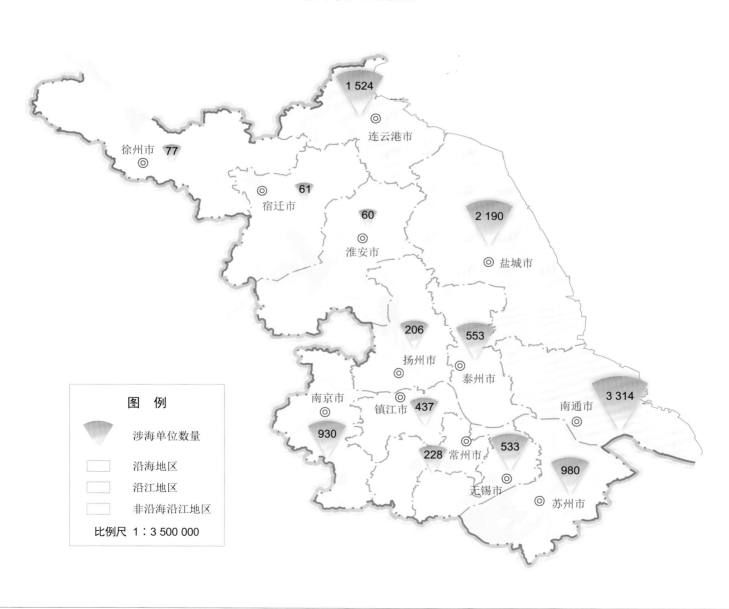

富有竞争力的现代海洋产业体系

3

海洋渔业

2020年，江苏省海水养殖和海洋捕捞产量合计136.9万吨，比上年下降1.5%。全年实现海洋渔业增加值444.3亿元。"十三五"期间年均增速达到8.6%。

图　例

⌒　　渔港经济区

⊞　　中心渔港

⊞　　渔港

●　　国家级海洋牧场示范区

🐟　　现代渔业产业园

▢　　海水养殖基地

比例尺　1：1 600 000

海
洋
渔
业

盐城5G智慧渔业

南通紫菜养殖

连云港赣榆网箱养殖效果图

赣榆六边形框架钢结构多功能礁

吕四渔港

黄沙港渔港小镇

黄海海域国家级
洋牧场示范区

渔港经济区

中心渔港

塘芦港渔港

协兴港渔港

启东水产养殖基地

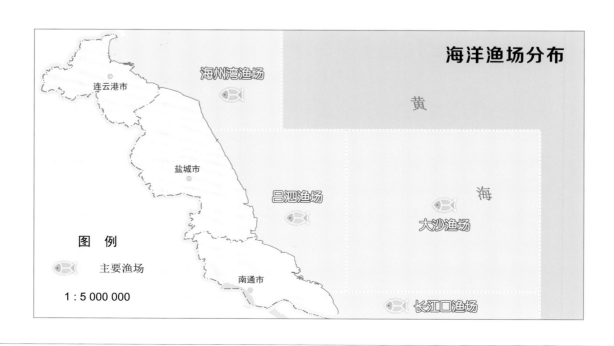

海洋渔场分布

连云港市

海州湾渔场

黄

盐城市

吕泗渔场

海

大沙渔场

图　例

主要渔场

南通市

1 : 5 000 000

长江口渔场

　　"十三五"期间，江苏省海洋交通运输业平稳发展，江海联运特色鲜明，规模以上港口吞吐量持续增长，与世界……有贸易往来，为江苏省海洋经济发展注入了强劲动能。

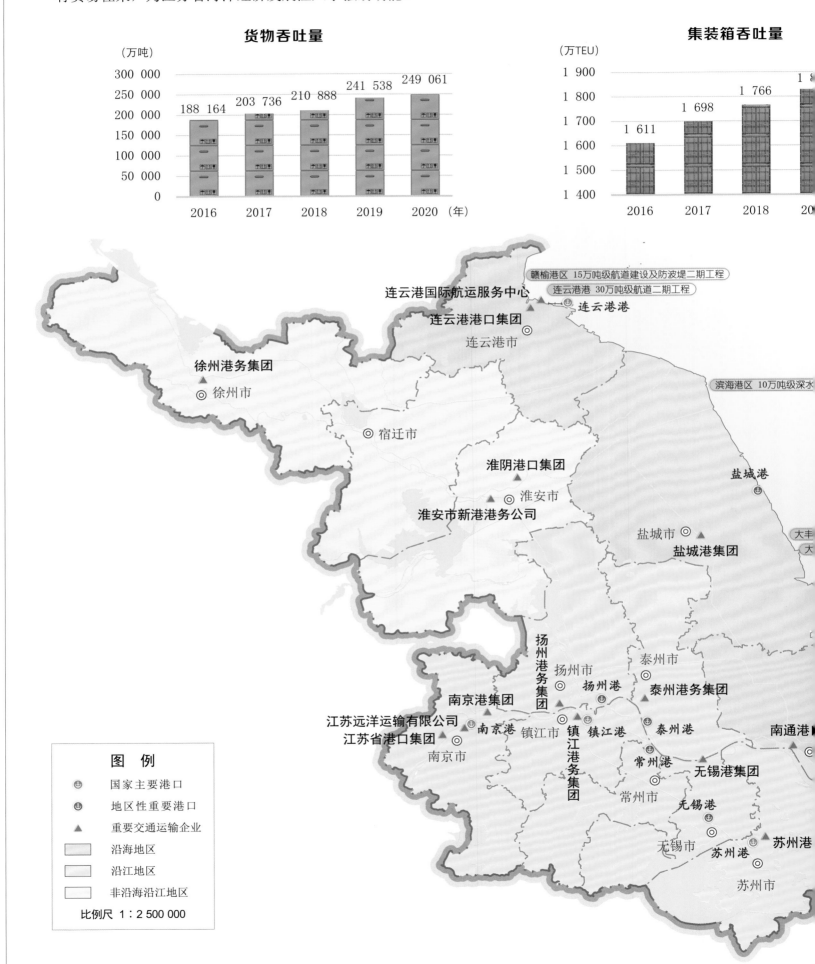

货物吞吐量

（万吨）

	188 164	203 736	210 888	241 538	249 061

300 000
250 000
200 000
150 000
100 000
50 000
0

2016　2017　2018　2019　2020 （年）

集装箱吞吐量

（万TEU）

1 900
1 800
1 700
1 600
1 500
1 400

1 611	1 698	1 766	1 8...

2016　2017　2018　20...

赣榆港区 15万吨级航道建设及防波堤二期工程
连云港港 30万吨级航道二期工程
连云港国际航运服务中心
连云港港口集团
◎ 连云港市
连云港港

徐州港务集团
◎ 徐州市

滨海港区 10万吨级深水...

◎ 宿迁市

淮阴港口集团
淮安市 ◎
淮安市新港港务公司

盐城港

◎ 盐城市
盐城港集团

大丰
大...

扬州港务集团
扬州市 ◎ 扬州港
泰州市
泰州港务集团

南京港集团
江苏远洋运输有限公司
江苏省港口集团
南京港
镇江市 ◎ 镇江港
镇江港务集团
泰州港

南通港
南通...

常州港
无锡港集团

常州市
无锡港

苏州港

无锡市 ◎
苏州港

苏州市

图　例

☺ 国家主要港口
☺ 地区性重要港口
▲ 重要交通运输企业
　 沿海地区
　 沿江地区
　 非沿海沿江地区

比例尺 1：2 500 000

国家和地区

（年）

连云港港30万吨级航道一期工程顺利完工，北翼赣榆港区和南翼徐圩港区10万吨级进港航道建成通航。

盐城港滨海港区建设取得重大进展，大丰港区深水航道一期10万吨级工程建成。

道一期工程
航道二期工程

烂沙洋北水道15万吨级航道工程

南通港
吕四港区 10万吨级进港航道工程
团

南通通州湾长江集装箱运输新出海口吕四起步港区"2+2"码头工程、通州湾长江集装箱运输新出海口一期通道工程集中开工。

"十三五"期间，江苏省海洋船舶工业继续保持领先发展地位，造船产业集中度稳步提高，三大造船指标位居全国榜首。船舶企业积极加快产业结构调整，持续加大科技创新投入，智能制造能力显著提升。

造船完工量

（万载重吨）

5 000

4 000

3 000

2 000

1 000

0

2016　2017　2018

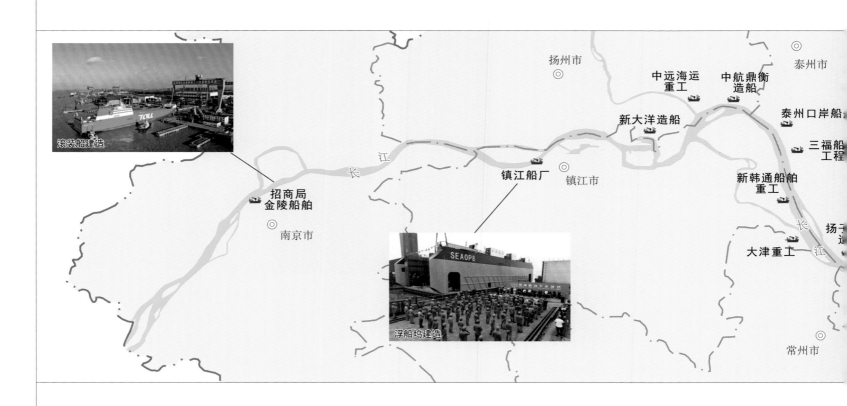

滚装船建造

招商局
金陵船舶

南京市

镇江船厂

镇江市

浮船坞建造

扬州市

泰州市

中远海运
重工

中航鼎衡
造船

新大洋造船

泰州口岸船

三福船
工程

新韩通船舶
重工

大津重工

扬子
造

常州市

海洋船舶制造

全球首艘高压双燃料杂货船

40万吨矿砂船

海洋船舶工业

新接订单量

(万载重吨)

5 000

4 000

3 000

2 000

1 000

0

2016　2017　2018　2019　2020　(年)

手持订单量

(万载重吨)

12 000

10 000

8 000

6 000

4 000

2 000

0

2016　2017　2018　2019　2020　(年)

全国　　江苏省

部分重点船舶企业分布

1 : 900 000

黄 海

325 000吨超大型矿砂船

新时代造船

韩通船舶重工

中远川崎船舶

扬子江船业

海通海工装备

长 江

南通市

国产首艘2万标箱集装箱船

中船澄西船舶

宏强船舶重工

润邦海工装备

太平洋海洋工程

巡航救助船

世界最大环境友好型货物滚装船

海洋旅游业

山海神韵·连云港

大美湿地·水韵盐城

江海明珠·灵秀南通

海州湾　海上氧吧
连岛景区
海上云台山
渔湾景区
连云港市　花果山
孔望山
市博物馆　山海相映
西双湖
东海水晶文化
旅游区
大伊山
二郎神文化
遗迹公园

黄

海

息心寺
金沙湖
丹顶鹤湿地生态旅游区　珍禽菊海
海盐历史文化风景区
九龙口
盐城市　梅花湾　上海知青纪念馆
大纵湖　荷兰花海
大丰港海洋世界　港城鹿乡
中华水浒园
梦幻迷宫
大丰中华麋鹿园
西溪旅游文化景区　东台黄海森林公园
安丰古镇
海泉养生
江淮文化园
水绘园
江海交汇　探险王国
南通市　城市博物馆
濠河　蔷园　张謇纪念馆
狼山景区

图　例

旅游组团

5A级旅游景区

4A级旅游景区

比例尺　1：1 600 000

40

非物质文化遗产

江苏沿海地区人民通过不断积累和传递，形成了许多非物质文化遗产。江苏省在发展海洋旅游业的同时，积极挖掘、保护和发扬与海洋相关的非物质文化遗产，形成非遗文化旅游特色产业。

民间文学	传统技艺	传统音乐	其他
• 徐福传说	• 淮盐制作技艺	• 海州五大宫调	• 连云港贝雕
• 东海孝妇传说	• 紫菜制作技艺	• 赣榆清曲	• 海州湾渔民风俗
• 花果山传说	• 捻船工艺	• 渔民号子	• 淮北盐民习俗
• 镜花缘传说	• 东海水晶雕刻技艺	• 渔鼓道情	• 海祭
• 九龙口龙王传说	• 栟茶蛏干汤煨技艺	• 吕四渔民号子	• 灌云花船

精品海洋旅游路线

 海岛休闲度假之旅：山海风光
　　路线：花果山风景名胜区—连岛旅游度假区—孔望山风景区—连云港渔湾风景区

花果山

 生态湿地滩涂之旅：动物湿地
　　路线：大丰中华麋鹿园—九龙口景区—丹顶鹤湿地生态旅游区—东台黄海森林公园—大丰滩涂

大丰中华麋鹿园

江海美食

黄金海滩

 江风海韵休闲之旅：产业景观
　　路线：圆陀角风景区—吕四风情区—老坝港河豚庄园—蛎岈山国家海洋公园—小洋口国家海洋公园—通州湾海洋主题公园—濠河风景名胜区

小洋口国家海洋公园

自升式钻井平台

全回转应急抢险打捞起重船

海洋工程装备制造业布局

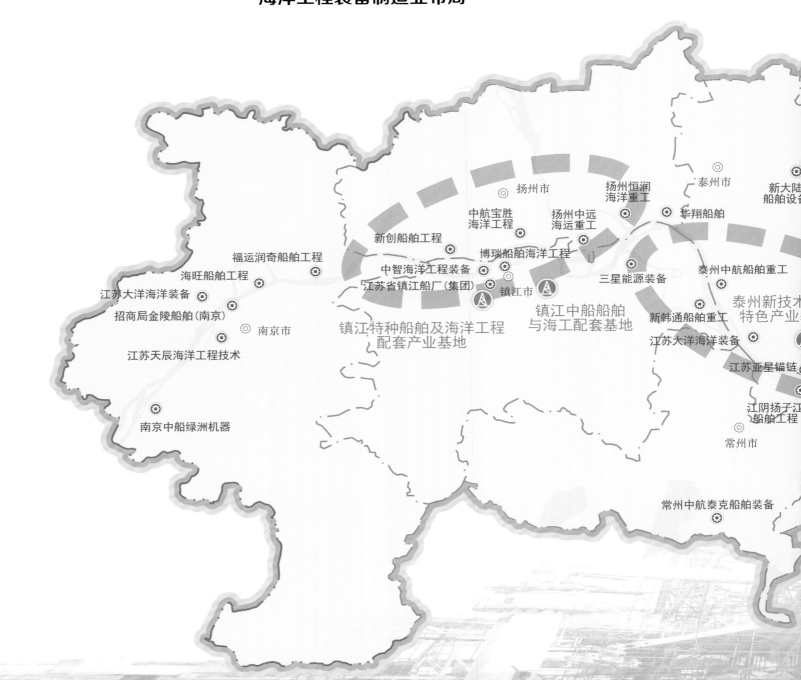

泰州市

新大陆
船舶设备

扬州市

扬州恒润
海洋重工

中航宝胜
海洋工程

扬州中远
海运重工

华翔船舶

新创船舶工程

博瑞船舶海洋工程

福运润奇船舶工程

泰州中航船舶重工

海旺船舶工程

中智海洋工程装备

三星能源装备

江苏大洋海洋装备

江苏省镇江船厂（集团）

镇江市

泰州新技术
特色产业

招商局金陵船舶（南京）

南京市

镇江中船船舶
与海工配套基地

新韩通船舶重工

江苏大洋海洋装备

江苏天辰海洋工程技术

镇江特种船舶及海洋工程
配套产业基地

江苏亚星锚链

江阴扬子江
船舶工程

常州市

南京中船绿洲机器

常州中航泰克船舶装备

式挖泥船

近年来，江苏海工装备产业发展全国领先，已建成较齐全的上下游产业体系，涌现出一批具有国际影响力的重点企业，如海工装备配套环节的江苏亚星锚链股份有限公司、海工制造环节的江苏润邦重工股份有限公司、招商局重工（江苏）有限公司、南通中远海运船务工程有限公司等。产业发展质量保持全国领先。

海洋工程装备制造业

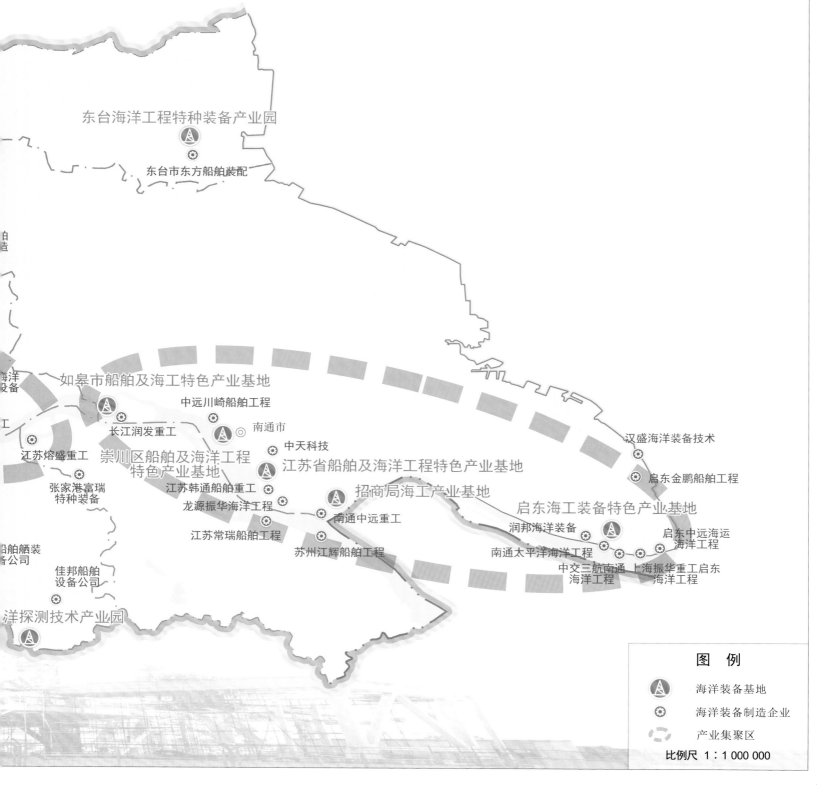

东台海洋工程特种装备产业园

东台市东方船舶装配

如皋市船舶及海工特色产业基地

中远川崎船舶工程

长江润发重工

南通市

江苏熔盛重工

汉盛海洋装备技术

中天科技

崇川区船舶及海洋工程
特色产业基地

江苏省船舶及海洋工程特色产业基地

张家港富瑞
特种装备

江苏韩通船舶重工

启东金鹏船舶工程

龙源振华海洋工程

招商局海工产业基地

启东海工装备特色产业基地

南通中远重工

润邦海洋装备

江苏常瑞船舶工程

启东中远海运
海洋工程

船舶舾装
备公司

苏州江辉船舶工程

南通太平洋海洋工程

佳邦船舶
设备公司

中交三航南通 上海振华重工启东
海洋工程   海洋工程

洋探测技术产业园

图 例

⚓ 海洋装备基地

⊛ 海洋装备制造企业

产业集聚区

比例尺 1：1 000 000

43

海洋可再生能源利用业

江苏省海洋可再生能源利用业发展势头强劲。海上风电装机容量和海上风电发电量居全国首位。华能海上风电技术研发中心落户盐城市，国内离岸最远的海上风电场华能大丰海上风电场并网运行，国内首个海上风电一步式建造研发中心落户南通市。

江苏沿海风电开发

风电设备装船出港

连云港

风电设备制造产业呈聚集发展态势，形成了较完备的研发和制造产业链，大量风电设备从连云港港通过"海上丝绸之路"出口到海外。

滨海海上风电

盐城

2020年，盐城市风电装机规模突破750万千瓦，海上风电装机突破300万千瓦，光伏发电装机规模达到300万千瓦，成为长三角北翼重要的新能源保障基地。

龙源如东海上风电

南通

建设海上风电装备制造、海上风电运维、海洋新兴产业"三基地"，打造风电科技研发、风电设备检测、风电智慧大数据"三中心"，形成千亿级风电产业集群和产业创新体系。

海洋可再生能源利用业
重点企业和项目分布

海 州 湾

海新能源

航天材料产业基地

工业园　国电动力

双菱风电设备

连云港市

灌云300兆瓦海上风电场

响水200兆瓦海上风电场

滨海海上风电场

国信黄海风电场

射阳海上风电场

国信临海风电

阜宁风电产业园

射阳风电产业园

黄

海

盐城市

大丰300兆瓦海上风电场

大丰风电产业园

东台200兆瓦海上风电场

国华二期风电场

国华一期风电场

上海电气(盐城)

如东150兆瓦海上风电场

鲁能新能源

三峡新能源

中船海装

中广核如东海上风力发电

国信东凌风力发电

上海电气(南通)

华能电力

龙源电力

长

江　南通市

图　例

- 🌑　龙头企业
- ✿　风电产业园
- ▬　风电场

比例尺 1 : 1 600 000

海洋药物和生物制品业

"十三五"期间，江苏省海洋药物和生物制品业稳步发展，产业园区建设加快，科研攻关能力增强，产业增长势头稳健，产业体系基本形成。2020年实现增加值61.2亿元，年均增速达到14.2%。

"十三五"江苏省海洋药物和生物制品业增加值

（亿元）

数据来源：《江苏省海洋经济统计公报》（2017—2021）

2018年，江苏省药学会成立海洋药物专业委员会，进一步集合高校、科研院所和企业的研究力量，为促进产业发展提供支持。

江苏研制开发的部分海洋生物制品

公司	产品	原料
启东盖天力药业有限公司	牡蛎碳酸钙咀嚼片	牡蛎壳
南通双林集团生物制品有限公司	第六要素系列产品	虾、蟹壳的水解产品
江苏康缘药业股份有限公司	多烯康软胶囊	鱼油的提取物
常州中华多宝集团	珍珠系列药品和保健品	珍珠
江苏明月海洋生物科技有限公司	海藻酸盐系列	海藻

保健食品：南极磷虾油

医用新材料：海藻纤维

重点开发药用价值：文蛤

海洋药物和生物制品业
重点企业和项目分布

海州湾

生物科技

健康产业园　恒瑞医药

正大天晴　　　康缘药业

　　　　　　　江苏南大耐雀生物科技

研究院　海洋药物活性分子筛选重点实验室

连云港市

欣宝林医化

亚邦爱普森
医药　　　凯龙医药

美研生物科技　吉泰肽业

滨海医药产业园

黄

海

盐城市

碧青园新能源海菊芋深加工

江苏省海洋产业研究院　江苏诚康药业

正大丰海制药　　　　金壳甲虫生物多糖

　环球卡拉胶、琼脂　　中深深海鱼油

洁灵丝海藻纤维　明月海洋生物科技

大丰海洋生物产业园

赐百年生物科技

精华制药

博润生物科技

日清生物医药

仕博海洋生物科技

双林海洋
生物药业

南极磷虾蓝色海洋产业化

南通市

安惠国际
生物科技园

卓大海洋生物科技

启东生命健康
科技城

正泰药业

长

江

图　例

△　海洋生物技术研究中心

✳　重点项目

◆　知名企业

〰　产业园

比例尺 1 : 1 600 000

海水淡化和综合利用业

2020年，江苏省海水淡化和综合利用业保持良好发展态势，海水淡化能力不断提升，风能、光电海水淡化比重持续增大，可提供生活、工业、农业用水以及医用淡水，海水淡化设备和材料的科研和生产能力不断增强。

"十三五"海水淡化和综合利用业增加值

海水淡化和综合利用业增加值　——●—— 增速

海水淡化

江苏丰海集装箱式海水淡化成套系统

开山岛智能微电网及海水淡化工程

海水综合利用

田湾核电站和灌云热电利用海水直接冷却发电机组

海水淡化和综合利用业布局

秦山岛200吨/日海水淡化装置
海州湾
中复新水源科技有限责任公司
江苏核电有限责任公司
连云港市
开山岛智能微电网及海水淡化工程
华能灌云热电有限责任公司
盐城新滩水务有限公司

黄

海

盐城市
盐城粤海水务
有限责任公司
江苏丰海新能源淡化海水发展有限公司
兆瓦级非并网风电海水淡化示范项目
江苏新能源淡化海水产业示范园

图　例

❋　重点项目
◆　知名企业
◎　海水淡化产业试点城市

比例尺　1：2 000 000

凯发新泉水务（南通）有限公司

通州湾风生海水淡化科技有限公司

森松（江苏）重工有限公司
南通市
金大洋海水晶有限公司

江苏海水淡化发展历程

2016年前	国家首个非并网风电海水淡化示范工程在盐城建成运行 盐城市获批国家第二批海水淡化产业发展试点城市 江苏省发展和改革委员会出台《全省海水淡化专项规划》 盐城海水淡化成套设备出口印度尼西亚、马尔代夫 新能源淡化海水产业园建成国家海洋经济创新发展区域示范区 ……
2016年	盐城市印发《2016年全市战略新兴产业发展工作要点》，推动新能源海水淡化实现突破
2017年	集装箱式智能微电网海水淡化成套系统在三沙投入使用，并出口沙特阿拉伯、菲律宾、斯里兰卡等国家
2019年	开山岛建成投运智能微电网及海水淡化工程
2020年	达山岛、平岛建成投运智能微电网及海水淡化工程

涉海院校和主要海洋科研机构

　　"十三五"期间江苏海洋大学成立，江苏省内设置海洋学院的高校增至8所，有多所院校设置了涉海专业。深海探测、海洋遥感、海洋药物、海洋渔业等领域建设了多个省级和国家级重点实验室。多家涉海龙头企业建立了海洋科技研发中心。海洋科研教育水平持续提升。

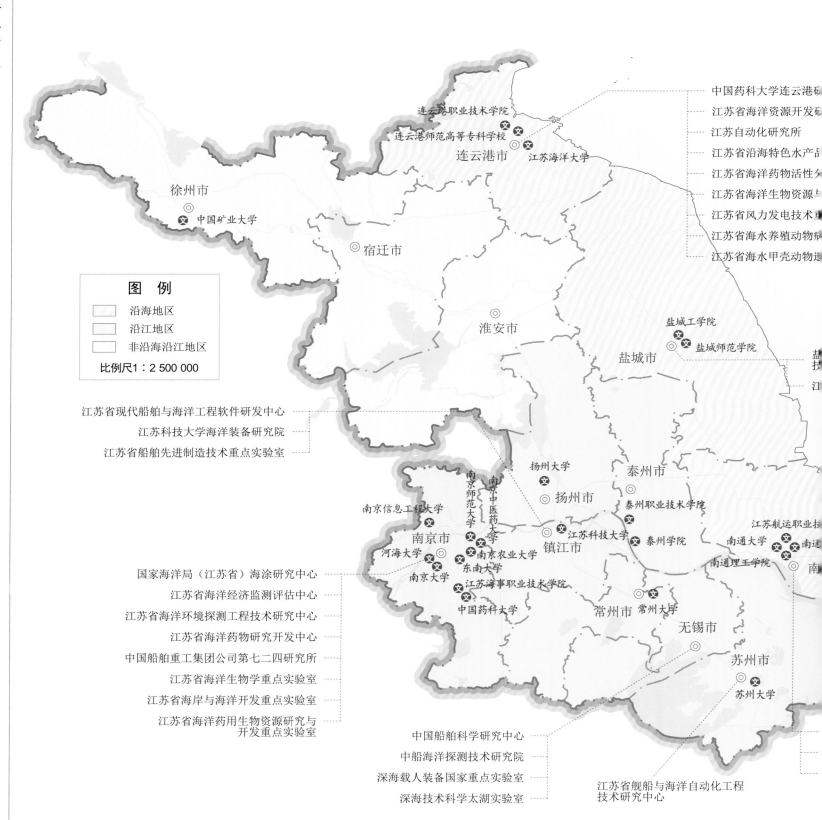

室

室

应用

院

通大学杏林学院

研究所
业研究院
装备重点实验室

涉海院校

江苏海洋大学

河海大学（海洋学院）

江苏航运职业技术学院

江苏海事职业技术学院

海洋科研机构

江苏自动化研究所

中国船舶科学研究中心

江苏省水利勘测设计研究院

江苏海洋产业研究院

涉海金融服务业

财政支持

　　江苏省人民政府采取组建国有海洋投资企业等措施，重点扶持海洋新兴产业、现代海洋服务业发展，以及海洋关键技术研发、海洋科技成果转化和公共服务平台建设。

金融重点支持
海洋产业领域　　¥

- 海洋渔业
- 海洋船舶修造业
- 海洋交通运输和港口物流业
- 海洋新能源产业
- 海洋工程装备制造业

金融贷款扶持

国家开发银行

投资海洋新能源产业、海洋船舶工业、海洋交通运输业等。

中国农业发展银行

投资海洋药物和生物制品业、海洋渔业等。

中国农业银行

投资海洋渔业、海洋水产品加工业等。

中国邮政储蓄银行

投资海洋渔业等。

海洋产业基金

一带一路（江苏）沿海开发投资基金

由江苏省沿海开发集团有限公司发起，引导多种所有制企业、社会资本，涉及海洋新材料、医药、环保等领域。

江苏新海智慧海洋产业投资基金

是江苏省首个以智慧海洋为主题的基金，依托江苏智慧海洋产业联盟，涉及海洋高端装备、生物等领域。

南通陆海统筹发展基金

由南通市人民政府主导设立，已投资南通项目68个，引进落地产业项目25个。

国家开发银行投资建设连云港田湾核电站

连云港"政银企"融资对接会

南通陆海统筹发展基金产业投资对接会

海洋技术服务业

450J 全自动摆锤冲击试验机

海底管线探测

码头水土保持设施技术评估

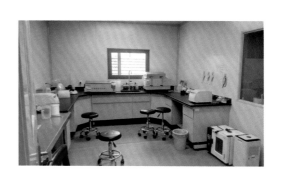

海洋生物（对虾）病源检测服务

海洋信息服务业

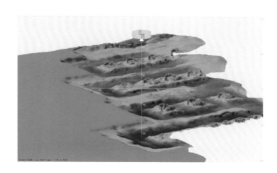

港口水下地形测量

航行控制台

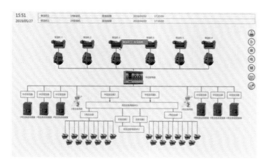

船舶智能机舱信息系统

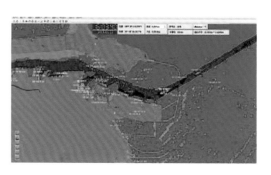

连云港船舶交通管理系统

海洋相关产业产业增加值

"十三五"江苏省海洋相关产业增加值

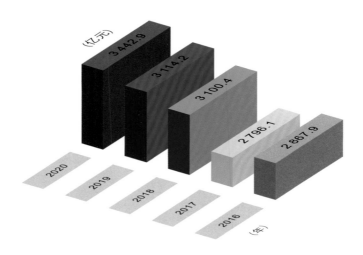

（亿元）
3 442.9
3 114.2
3 100.4
2 796.1
2 867.9

2020 2019 2018 2017 2016 （年）

涉海设备制造

IMO Tier Ⅲ中速柴油机+SCR系统

全球最大螺旋桨

海洋工程用高承载锚机

R6级海洋系泊链

涉海材料制造

海洋电缆

高压光纤复合海缆

绳缆

港机岸桥涂料防护

海洋产品批发与零售业

海盐

海苔

海水淡化饮用纯净水

融雪剂

陆海统筹的蓝色经济带

4

南通市·江海门户

南通市地处江苏省东南部，东抵黄海，南濒长江，集"黄金海岸"与"黄金水道"优势于一身，有"江海门户"的美誉。

南通市"十三五"期间海洋经济总量

（亿元）

2016	2017	2018	2019	2020
1 793	1 883	2 019	2 099	2 222
6.9%	5.0%	7.2%	4.0%	5.9%

▬▬ 海洋生产总值　●— GOP增速

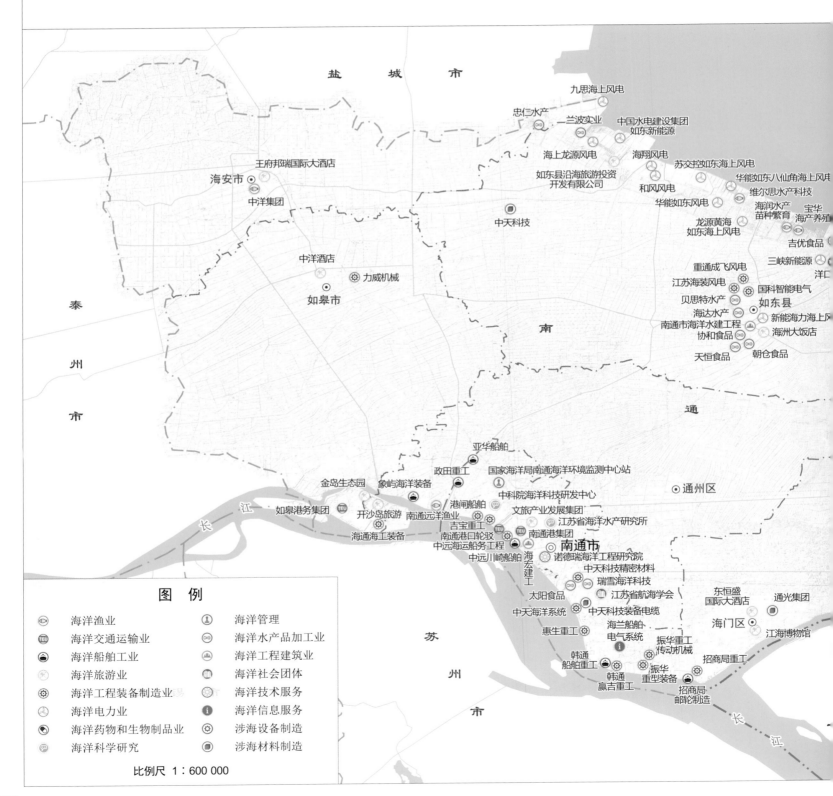

盐　城　市

九思海上风电
忠仁水产　兰波实业　中国水电建设集团
如东新能源
王府邦瑞国际大酒店　海上龙源风电　海翔风电
海安市　苏交控如东海上风电
中洋集团　如东县沿海旅游投资　华能如东八仙角海上风电
开发有限公司　和风风电　维尔思水产科技
华能如东风电　海润水产　宝华
龙源黄海　苗种繁育　海产养殖
中洋酒店　如东海上风电
吉优食品
力威机械　重通成飞风电　三峡新能源　洋口
如皋市　江苏海装风电　国科智能电气
贝思特水产　如东县
海达水产　新能海力海上风
南通市海洋水建工程　海州大饭店
协和食品
泰　南　天恒食品　朝仓食品

州

市

南　通

亚华船舶
政田重工　国家海洋局南通海洋环境监测中心站　通州区
金岛生态园　象屿海洋装备
中科院海洋科技研发中心
如皋港务集团　港闸船舶
开沙岛旅游　文旅产业发展集团
江　南通远洋渔业　江苏省海洋水产研究所
吉宝重工
南通港口轮驳　南通港集团
海通海工装备
中远海运船务工程　诺德瑞海工工程研究院
中远川崎船舶　中天科技精密材料
海　南通市
宏　瑞雪海洋科技
建　江苏省航海学会
太阳食品　工　东恒盛　通光集团
国际大酒店
中天海洋系统　中天科技装备电缆
惠生重工　海兰船舶　海门区
电气系统　振华重工　江海博物馆
传动机械
韩通　振华　招商局重工
船舶重工　重型装备
韩通　招商局
赢吉重工　邮轮制造

苏

州

市

长 江

图 例

◉	海洋渔业	①	海洋管理
▣	海洋交通运输业	◎	海洋水产品加工业
▲	海洋船舶工业	▣	海洋工程建筑业
◎	海洋旅游业	◉	海洋社会团体
◎	海洋工程装备制造业	◎	海洋技术服务
◎	海洋电力业	ⓘ	海洋信息服务
◉	海洋药物和生物制品业	◎	涉海设备制造
▣	海洋科学研究	▣	涉海材料制造

比例尺 1：600 000

南
通
市

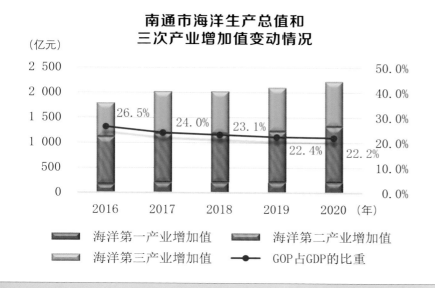

南通市海洋生产总值和三次产业增加值变动情况

图例：
- 海洋第一产业增加值
- 海洋第二产业增加值
- 海洋第三产业增加值
- GOP占GDP的比重

南通夜色

南通港通海港区

南通市主要涉海产业

黄

海

资
中广核如东海上风电
支

裕润风能

磊滩涂开发

设

双林海洋生物药业

大唐国际吕四港发电

京海申水产

神通阀门

先豪国际酒店

华威风电   启东市

龙源海上风电

京沪重工
集胜造船   中集太平洋
海洋工程   振华重工   恒大酒店
润邦   启东海工
海工装备
宏华海洋   中远海运海洋工程
油气装备

市

吕四渔港

"海洋胜利号"极地探险邮轮

圆陀角滩涂海韵

盐城市

盐城市主要涉渔

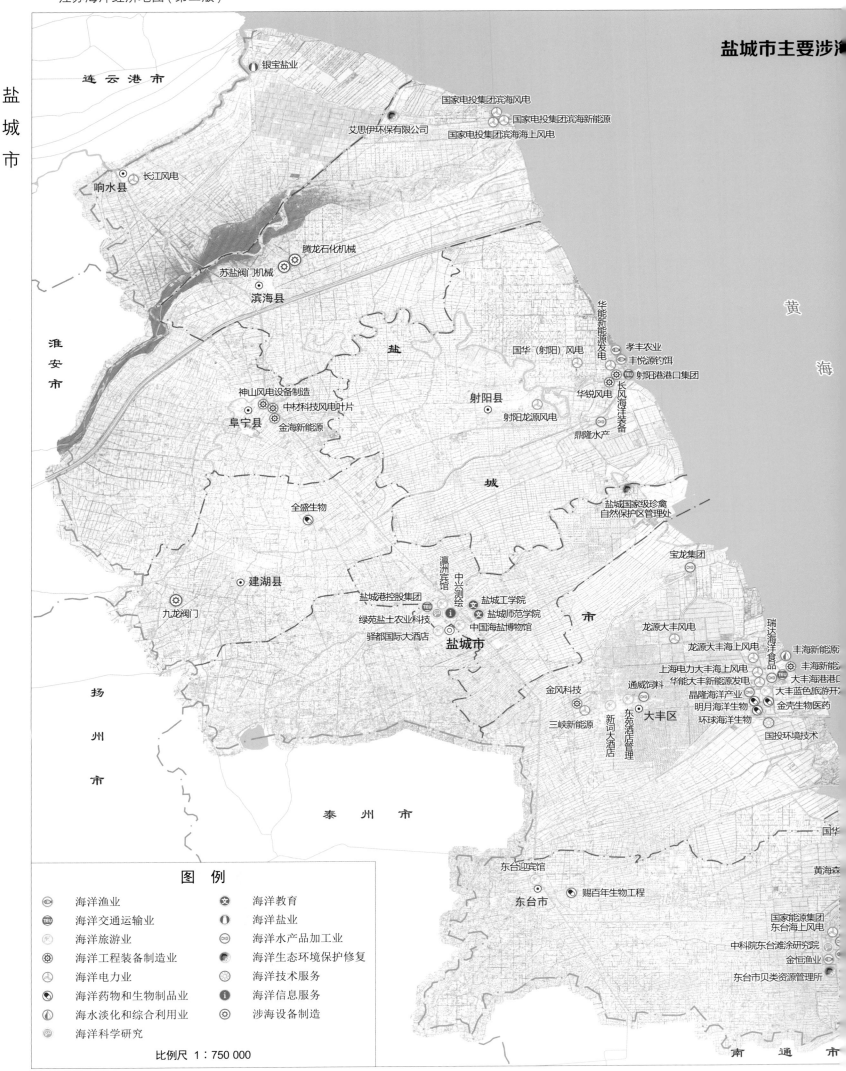

连云港市

银宝盐业

国家电投集团滨海风电

艾思伊环保有限公司　国家电投集团滨海新能源
　　　　　　　　　国家电投集团滨海海上风电

长江风电
响水县

黄

腾龙石化机械

苏盐阀门机械
滨海县

华能新能源发电

国华（射阳）风电　孝丰农业
　　　　　　　　　丰悦源钓饵
　　　　　　　　　射阳港港口集团

盐

神山风电设备制造
　　　中材科技风电叶片　华锐风电
阜宁县　金海新能源　　射阳县
　　　　　　　　　射阳龙源风电　　长风海洋装备

海

全盛生物　　　　城　　　　　鼎隆水产

盐城国家级珍禽
自然保护区管理处

宝龙集团

建湖县

瀛洲宾馆
中兴测绘　　　　　　　　龙源大丰风电

瑞达海洋食品

九龙阀门
盐城港控股集团　盐城工学院　　　市　　龙源大丰海上风电　丰海新能源
绿苑盐土农业科技　盐城师范学院　　　　　上海电力大丰海上风电　丰海新能

驿都国际大酒店　中国海盐博物馆　　　　　华能大丰新能源发电　大丰海港口
盐城市　　　　　　　　金风科技　通威饲料　晶隆海洋产业　大丰蓝色旅游开
　　　　　　　　　　　　　　　　　　　明月海洋生物　金壳生物医药
　　　　　　三峡新能源　新词大酒店　　环球海洋生物
　　　　　　　　　　　　　　大丰区　　　　国投环境技术
　　　　　　　　　　东苑酒店管理

东台迎宾馆

赐百年生物工程　　黄海森

东台市

国家能源集团
东台海上风电

中科院东台滩涂研究院
金恒渔业

东台市贝类资源管理所

淮安市

扬州市

泰州市

国华

南通市

图例

海洋渔业		海洋教育	
海洋交通运输业		海洋盐业	
海洋旅游业		海洋水产品加工业	
海洋工程装备制造业		海洋生态环境保护修复	
海洋电力业		海洋技术服务	
海洋药物和生物制品业		海洋信息服务	
海水淡化和综合利用业		涉海设备制造	
海洋科学研究			

比例尺 1:750 000

盐城市·黄海明珠

盐城市地处江苏省中部，东临黄海，海域滩涂广阔，海洋资源丰富，海洋生态优良，具备发展海洋经济的独特优势，有"黄海明珠"的美誉。

盐城市"十三五"期间海洋经济总量

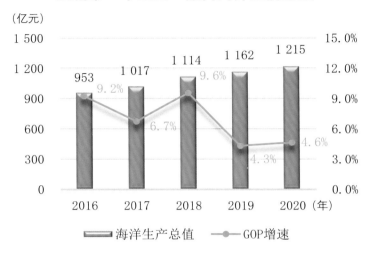

盐城夜色

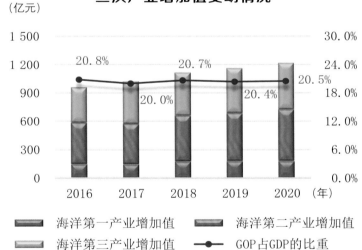

盐城市海洋生产总值和三次产业增加值变动情况

海上漂浮式风力发电机制造

黄沙港中心渔港

东台条子泥

连云港市

山

东

省

海福特海洋科技

隆源海藻

佳信水产

神仙紫菜

海州湾海洋乐园

海 州 湾

榆城集团

赣榆区

苏海投资

天天海藻

中大生物

金海岸海洋经济

海州湾旅游发展

肖地勘院连云港分院

金陵神州兵馆

新陆桥码头

鸿云实业

新东方国际货柜码头

连云港进旅

连云区

连云港碱业

国电联合动力技术

工投集团

连云港国集团

建港实业

雅港河紫菜

海

筑港

金桥

中复连众复合材料

花果山旅游

正大农牧

龙源东海风电

天福来集团

江苏海洋大学

文旅发展集团

青松岭酒店

天鹰工程检测

连

工业投资集团

江苏自动化研究所

福如东海温泉大酒店

省海洋资源开发研究院

金陵云台兵馆

连云港市

⊙ 东海县

云

港

⊙ 灌云县

市

徐

州

市

宿

迁

市

灌南县 ⊙

淮 安 市

图 例

◎	海洋渔业	✕	海洋教育
TEU	海洋交通运输业	❶	海洋盐业
🚢	海洋船舶工业	🐟	海洋水产品加工业
✍	海洋旅游业	🏛	海洋工程建筑业
⚙	海洋工程装备制造业	◎	海洋技术服务
🔱	海洋电力业	❶	海洋信息服务
⚠	海洋化工业	🤝	涉海经营服务
📷	海洋科学研究	⬤	海洋地质勘测

比例尺 1：610 000

连云港夜色

连云港自由贸易试验区

生

连云港市主要涉海产业

黄海

华电灌云风电

工投集团
日晒制盐

五洲船舶重工

盐城市

连云港市·东海名郡

连云港市地处江苏省东北部，东濒黄海，北接山东，海陆交通运输便捷，是全国性综合交通枢纽城市，有"东海名郡"的美誉。

连云港市"十三五"期间海洋经济总量

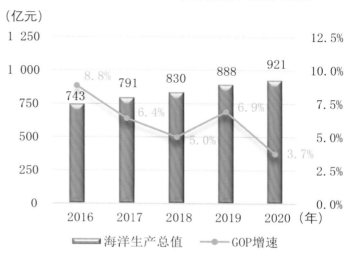

（亿元）

- 海洋生产总值
- GOP增速

连云港市海洋生产总值和三次产业增加值变动情况

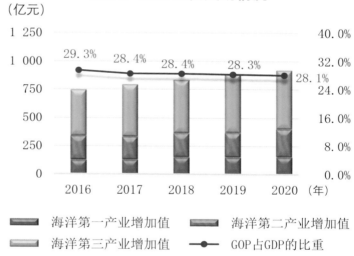

（亿元）

- 海洋第一产业增加值
- 海洋第二产业增加值
- 海洋第三产业增加值
- GOP占GDP的比重

开山岛

海州湾国家级海洋公园

63

南京市主要涉海产业

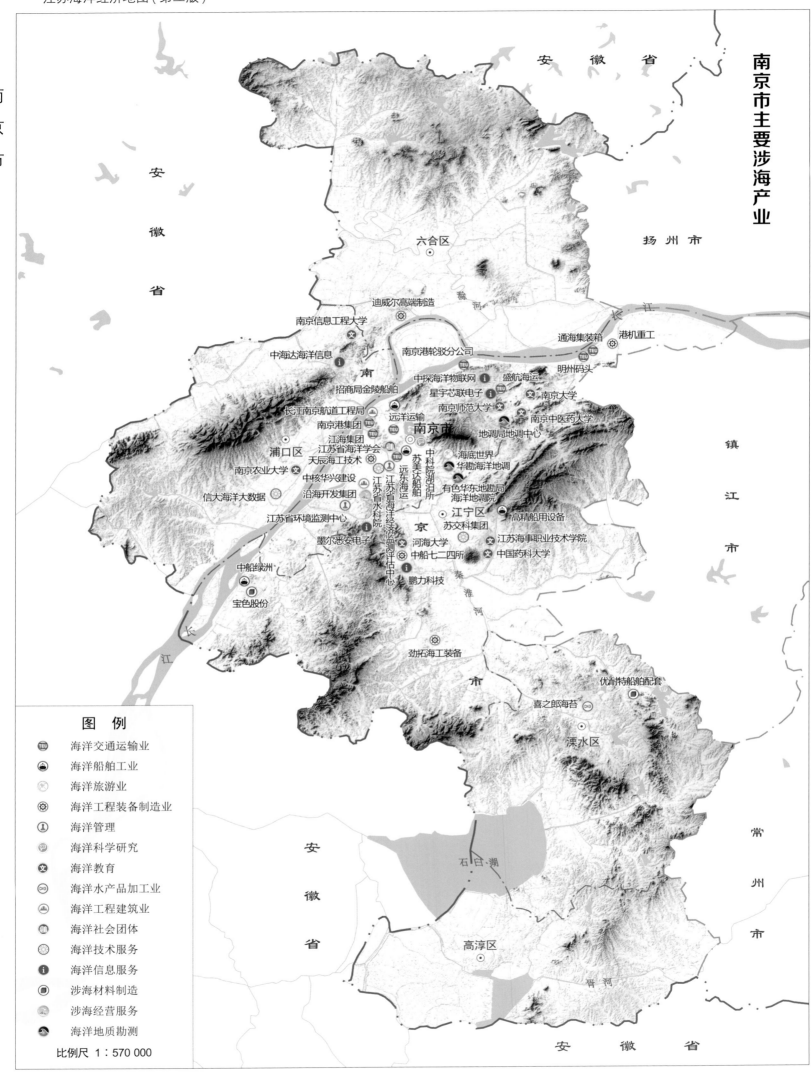

安 徽 省

安 徽 省

扬 州 市

镇 江 市

常 州 市

安 徽 省

安 徽 省

六合区

迪威尔高端制造
南京信息工程大学
中海达海洋信息
南
招商局金陵船舶
长江南京航道工程局
远洋运输
南京港集团
江海集团
浦口区
江苏省海洋学会
天辰海工技术
南京农业大学
中核华兴建设
信大海洋大数据
沿海开发集团
京
江苏省环境监测中心
墨尔悉安电子
中船绿洲
宝色股份

通海集装箱　港机重工
明州码头
南京港轮驳分公司
中探海洋物联网　盛航海运
星宇芯联电子
南京师范大学
南京中医药大学
地调局地调中心
远洋运输
海底世界
中科院湖泊所　华勘海洋地调
苏美达船舶
有色华东地勘局
远东海运
海洋地调院
江苏省水科院
高精船用设备
江宁区
江苏省海洋经济监测评估中心
苏交科集团
河海大学
江苏海事职业技术学院
中船七二四所
中国药科大学
鹏力科技

劲拓海工装备

优耐特船舶配套
喜之郎海苔
溧水区

石臼湖

高淳区

图　例

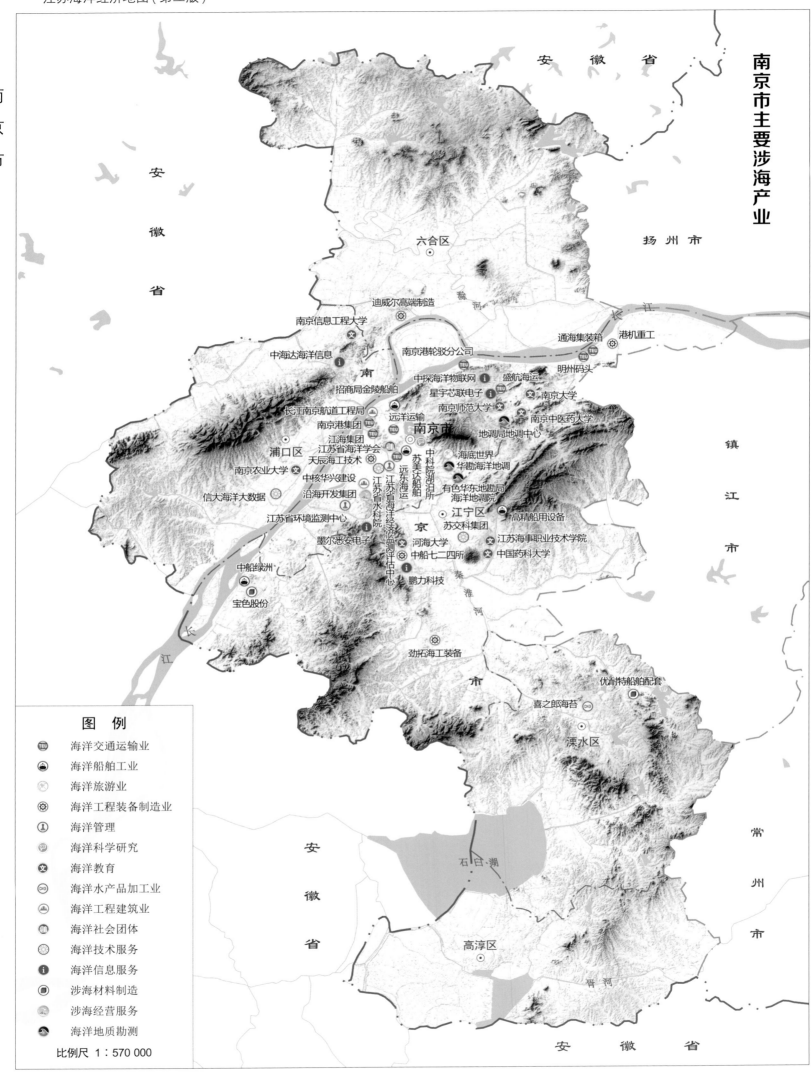	海洋交通运输业
	海洋船舶工业
	海洋旅游业
	海洋工程装备制造业
	海洋管理
	海洋科学研究
	海洋教育
	海洋水产品加工业
	海洋工程建筑业
	海洋社会团体
	海洋技术服务
	海洋信息服务
	涉海材料制造
	涉海经营服务
	海洋地质勘测

比例尺 1：570 000

南京市海洋产业

南京市在海洋科技研发、海洋交通运输业等方面具备比较优势。随着南京至长江出海口深水航道全线贯通，南京港"海港"地位正式形成，长江经济带综合立体交通走廊建设取得重大进展。

南京市"十三五"期间海洋经济总量

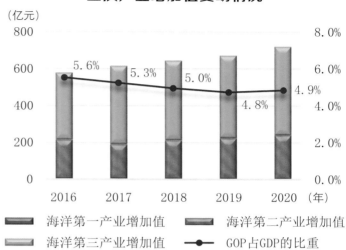

南京市海洋生产总值和三次产业增加值变动情况

龙潭港区

新生圩港区

西坝港区

流体检测平台

船舶分段制造数字化车间

多机器人协同智能弧焊系统

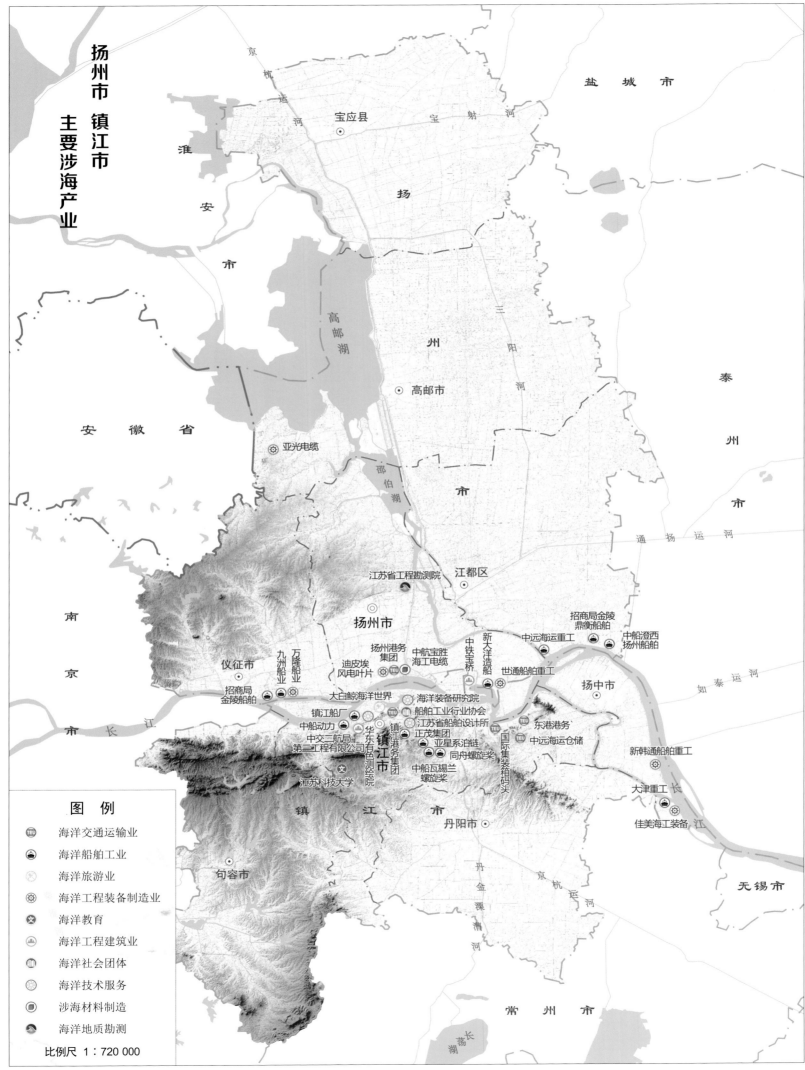

扬州市
镇江市

扬州市 镇江市
主要涉海产业

盐 城 市

宝应县

淮

安

市

扬

州

高邮湖

安 徽 省

高邮市

泰

州

市

亚光电缆

邵伯湖

市

通 扬 运 河

江苏省工程勘测院

江都区

扬州市

招商局金陵
鼎衡船舶

新大洋造船

如泰运河

仪征市

九洲船业

万隆船业

迪皮埃
风电叶片

扬州港务
集团

中航宝胜
海工电缆

中铁宝桥

中远海运重工

世通船舶重工

中船澄西
扬州船舶

扬中市

南

京

市

招商局
金陵船舶

大白鲸海洋世界

海洋装备研究院

长

镇江船厂
中船动力

中交三航局
第三工程有限公司

华东有色测绘院

江苏科技大学

镇

船舶工业行业协会

江苏省船舶设计所

镇江港务
集团

正茂集团

同舟螺旋桨

亚星系泊链

东港港务

中远海运仓储

国际集装箱装箱码头

新韩通船舶重工

江

市

中船瓦锡兰
螺旋桨

大津重工 长

扬中市

句容市

丹阳市

佳美海工装备 江

图 例

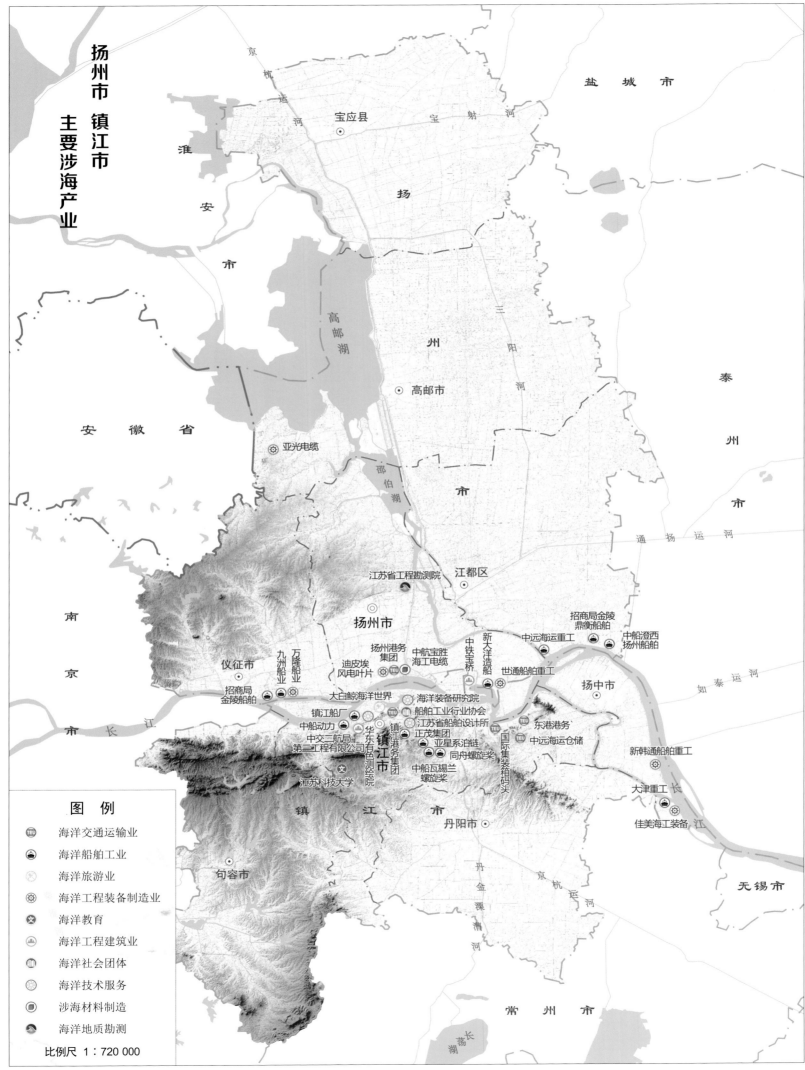 海洋交通运输业

 海洋船舶工业

 海洋旅游业

 海洋工程装备制造业

 海洋教育

 海洋工程建筑业

 海洋社会团体

 海洋技术服务

 涉海材料制造

 海洋地质勘测

比例尺 1:720 000

丹
金
溧
漕
河

京
杭
运
河

常 州 市

荡 长
湖

无 锡 市

扬州市海洋产业

　　扬州市重点培育海洋工程装备、高技术船舶与特种船舶、船舶配套等产业,把海工装备和高技术船舶产业集群作为扬州市八大产业集群发展方向之一。

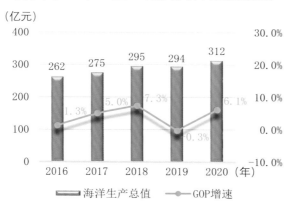

89M海洋综合实验船

松浦大桥钢结构件

镇江市海洋产业

　　镇江市努力打造沿江海洋经济产业带,优势产业为海洋船舶工业、海洋工程装备制造业和海洋交通运输业。镇江港为中国沿海25个主要港口之一。

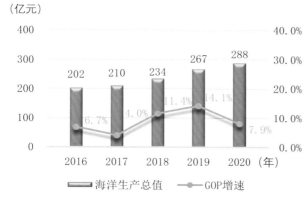

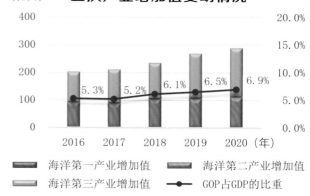

20.8万吨散货轮

海上升压站

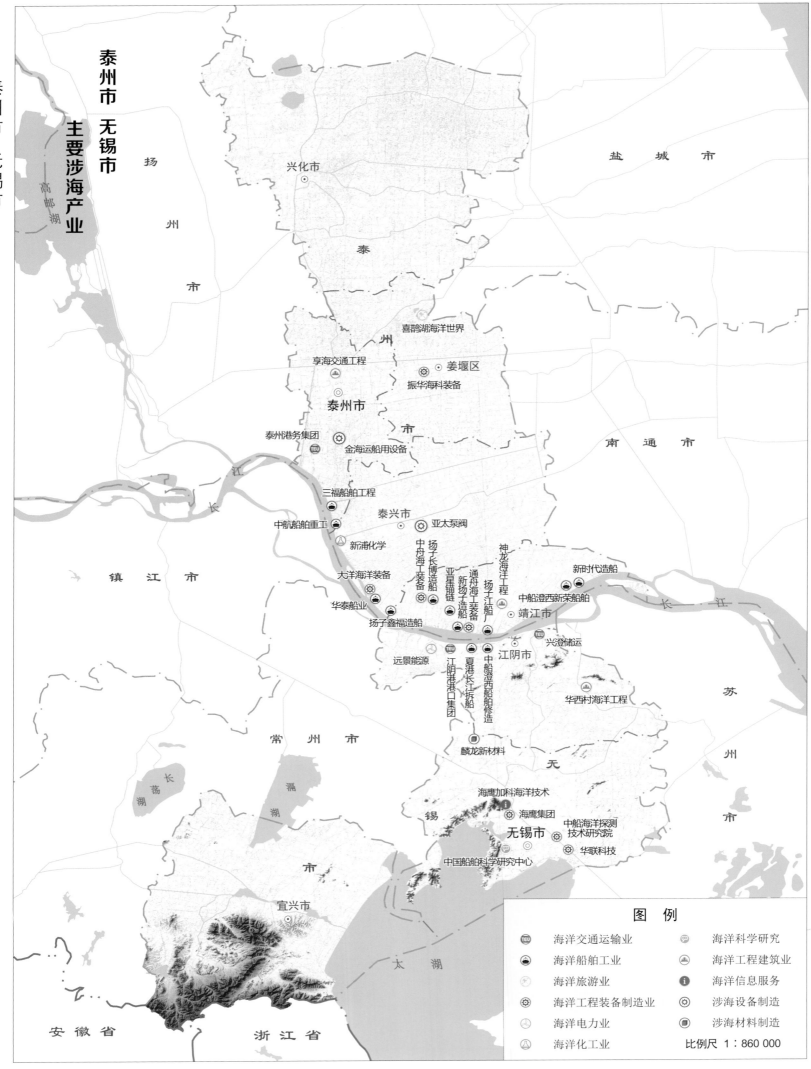

泰州市 无锡市
主要涉海产业

高邮湖

扬州市

盐 城 市

兴化市

泰

州

市

喜鹊湖海洋世界

享海交通工程

姜堰区
振华海科装备

泰州市

南 通 市

泰州港务集团
金海运船用设备

三福船舶工程

泰兴市

亚太泵阀

中航船舶重工

新浦化学

扬子长博造船
中舟海工装备

神龙海洋工程

新时代造船

镇 江 市

大洋海洋装备

新扬子造船
亚星锚链

通舟海工装备
扬子江船厂

中船澄西新荣船舶

华泰船业

靖江市

扬子鑫福造船

苏 州 市

兴澄储运

远景能源

夏港长江拆船
中船澄西船舶修造

江阴市

江阴港港口集团

华西村海洋工程

麒龙新材料

常 州 市

无

海鹰加科海洋技术

锡

海鹰集团

中船海洋探测
技术研究院

无锡市

华联科技

中国船舶科学研究中心

市

宜兴市

太 湖

安 徽 省

浙 江 省

图 例		
海洋交通运输业		海洋科学研究
海洋船舶工业		海洋工程建筑业
海洋旅游业		海洋信息服务
海洋工程装备制造业		涉海设备制造
海洋电力业		涉海材料制造
海洋化工业		比例尺 1：860 000

泰州市海洋产业

泰州市是海洋船舶与海工装备制造大市。2018年，靖江市获批国家级新技术船舶特色产业基地，为科技部认定的船舶行业全国唯一的产业基地，靖江市造船产业集群入选"江苏省百家重点产业集群"。

泰州市"十三五"期间海洋经济总量

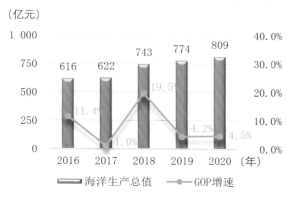

泰州市海洋生产总值和三次产业增加值变动情况

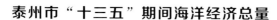

50万吨级船坞

全球最大40万吨矿砂船舱盖

无锡市海洋产业

无锡市是海洋船舶工业和海洋工程装备制造业重镇，拥有一批海洋船舶工业和海洋工程装备制造业行业龙头企业。无锡（江阴）港是上海国际航运中心的喂给港、区域综合运输的换装港和经济腹地的集散港。

无锡市"十三五"期间海洋经济总量

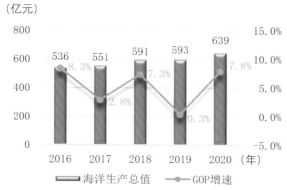

无锡市海洋生产总值和三次产业增加值变动情况

海上风塔

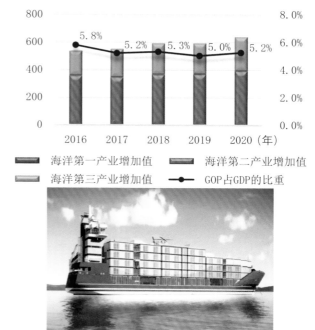

医疗船

常州市海洋产业

　　涉海设备制造业是常州市重点发展的海洋相关产业。依托风力发电产业园等园区载体，常州市寻求海洋工程装备等涉海产业的突破。

常州市"十三五"期间海洋经济总量

（亿元）

- 海洋生产总值
- GOP增速

常州市海洋生产总值和三次产业增加值变动情况

（亿元）

- 海洋第一产业增加值
- 海洋第二产业增加值
- 海洋第三产业增加值
- GOP占GDP的比重

桨轴拂配

涂料防护

常州市主要涉海产业

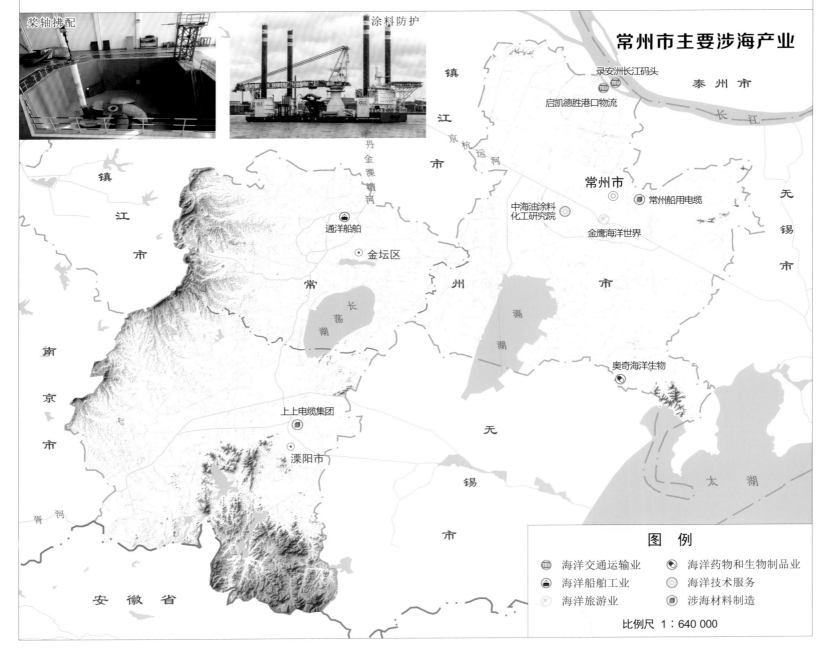

图　例

- 海洋交通运输业
- 海洋药物和生物制品业
- 海洋船舶工业
- 海洋技术服务
- 海洋旅游业
- 涉海材料制造

比例尺 1：640 000

苏州市海洋产业

　　海洋交通运输业是苏州市主导海洋产业。2020年，苏州港口累计完成货物吞吐量5.54亿吨，位居江苏省第一，全国第六。苏州港共有3个港区，分别为张家港港区、常熟港区和太仓港区。

苏州市"十三五"期间海洋经济总量

（亿元）

- 海洋生产总值
- GOP增速

苏州市海洋生产总值和三次产业增加值变动情况

（亿元）

- 海洋第一产业增加值
- 海洋第二产业增加值
- 海洋第三产业增加值
- GOP占GDP的比重

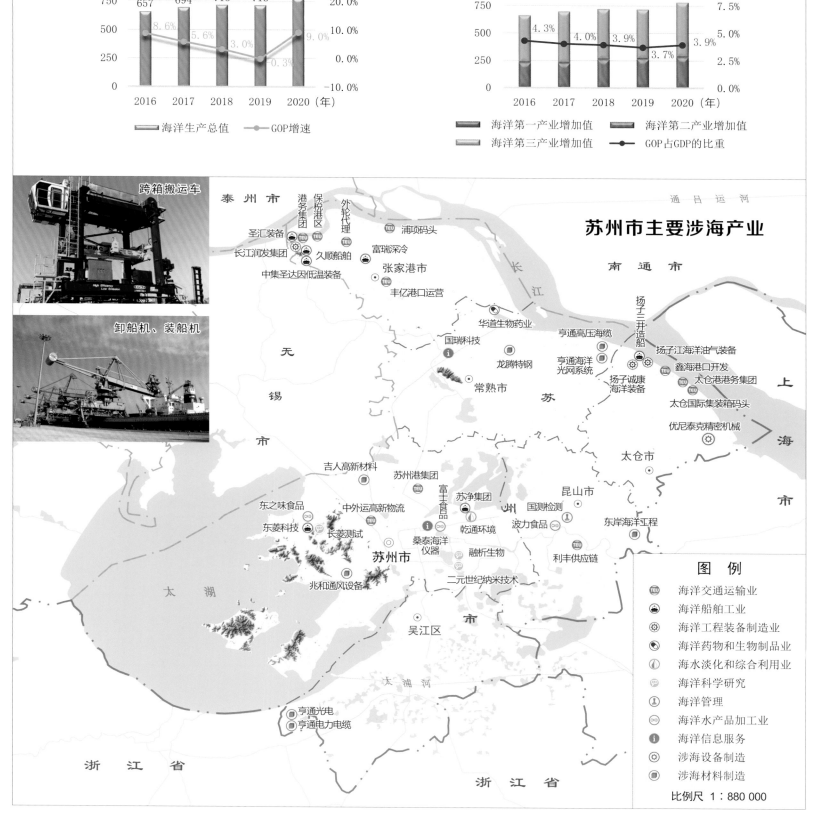

苏州市主要涉海产业

跨箱搬运车

卸船机、装船机

图　例

- 海洋交通运输业
- 海洋船舶工业
- 海洋工程装备制造业
- 海洋药物和生物制品业
- 海水淡化和综合利用业
- 海洋科学研究
- 海洋管理
- 海洋水产品加工业
- 海洋信息服务
- 涉海设备制造
- 涉海材料制造

比例尺 1：880 000

源远流长的海洋文化

5

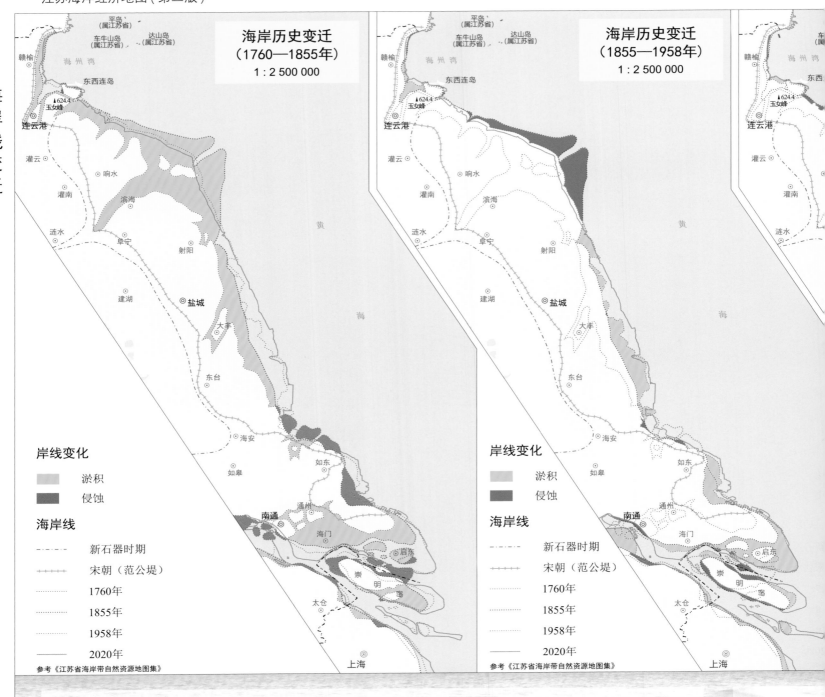

海岸历史变迁
（1760—1855年）
1:2 500 000

岸线变化

　淤积
　侵蚀

海岸线

- - - - - 新石器时期
+++++ 宋朝（范公堤）
.... 1760年
.... 1855年
.... 1958年
———— 2020年

参考《江苏省海岸带自然资源地图集》

海岸历史变迁
（1855—1958年）
1:2 500 000

岸线变化

　淤积
　侵蚀

海岸线

- - - - - 新石器时期
+++++ 宋朝（范公堤）
.... 1760年
.... 1855年
.... 1958年
———— 2020年

参考《江苏省海岸带自然资源地图集》

黄河改道和江苏海岸带

　　1760年（乾隆二十五年），黄河南徙夺淮入海已600余年，这一时期苏北大部分海岸淤积速度显著加快，海岸迅速东移；1760—1855年，黄河口三角洲成长速度和滨海平原成陆地速度，均达到历史最高水平，年平均淤进300～400米。同期，由于长江主泓进入南支，海门旧县地域逐渐涨出，启东陆地也随之形成。1855年，黄河北归，苏北海岸又经历了一次反向的动力泥沙条件突变，河口部分蚀退速度加快，泥沙随潮流向南搬运。到1896年，启海平原大致形成。

盐城废黄河口

南通长江口

长江　
江12.5米深　

———— 一级岸
———— 二级岸

参考《江苏

海岸历史变迁
（1958—2020年）
1 : 2 500 000

黄

盐城

大丰

东台

海安

如皋

如东

积

蚀

南通

通州

海门

启东

崇

明

岛

新石器时期

太仓

宋朝（范公堤）

760年

855年

958年

020年

带自然资源地图集》

上海

海岸线变迁

公元前4500年，海岸线起于连云港赣榆，向南经灌云和沭阳，入盐城阜宁羊寨及盐都龙冈、大冈，到东台西部至南通海安沙冈，折向西入泰县、泰州、扬州。

公元前1000年，海岸线起于连云港赣榆罗阳，经海州到灌云板浦，入盐城阜宁串场河一线，至今南通海安西场、西折泰州。

1128年，黄河夺淮入海，以盐城阜宁北沙到滨海废黄河入海口一线为中心，海岸线迅速东移。

1855年，黄河改道入渤海，海岸线北起连云港赣榆青口，开山岛与大陆相连，至盐城滨海、射阳、大丰、东台，南进南通如皋、通州、启东。

1920年，苏北海岸规模基本形成。

1950年，江苏海岸线趋于稳定。

范公堤

1024年（北宋天圣二年），时任西溪盐官的范仲淹为解决海安、如东、东台、大丰一带的海潮受灾问题，主持修建从吕四至阜宁290千米的捍海堰。捍海堰建成后，"来洪水不得伤害盐业，挡潮水不得伤害庄稼"。后人为纪念范仲淹，将阜宁至吕四的海堤统称为范公堤。

范公堤现状（部分）

长江岸线

工岸共长809.6千米，深水岸线264.8千米。已利用岸线约占11%。沿江各市都有可供港口建设的深水岸线。2019年，长对长江经济带综合交通运输体系、江海联运等具有十分重要的意义和作用。

扬州市

仪征市

泰州市

如皋市

黄

扬中市

镇江市

泰兴市

句容市

丹阳市

靖江市

长

江

南通市

海

江阴市

张家港市

海门区

常州市

常熟市

启东市

级岸线

级岸线

航
运
历
史

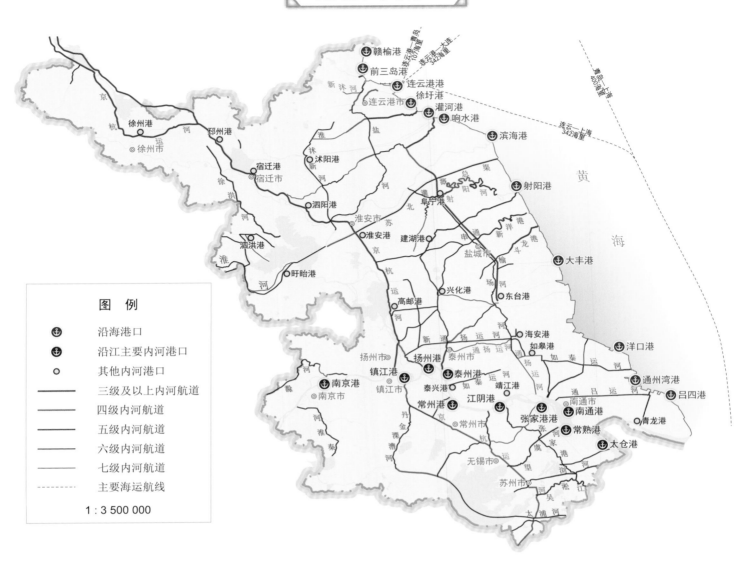

现代航道与港口

图 例

⚓ 沿海港口
⚓ 沿江主要内河港口
○ 其他内河港口
—— 三级及以上内河航道
—— 四级内河航道
—— 五级内河航道
—— 六级内河航道
—— 七级内河航道
------ 主要海运航线

1 : 3 500 000

江苏主要港口历史变迁

◇ 公元前475年至公元前221年 战国时期
   无锡港与江阴港兴起，为江苏著名古港

公元前221年至公元220年 秦汉时期 ◇
连云港最早的海港——朐港、扬州广陵港
成为重要水运枢纽

◇ 220—589年 三国南北朝时期
   孙权于南京和镇江建石头津和京口港

581—907年 隋唐时期 ◇
扬州港进港船舶数千，成为中国对外四大
贸易港口之一

◇ 960—1279年 宋朝时期
   南京港为重要官卖物资集散中心
   南通港、泰州柴墟港、苏州江阴港兴起

1271—1368年 元朝时期 ◇
苏州刘家港称"天下第一码头""六国码头"

◇ 1368—1644年 明朝时期
   南京港成为漕粮、商品运输中心

1636—1912年 清朝时期 ◇
镇江港进出口总额于光绪末年达白银
1 590.45万两
无锡港为全国四大米市之一，进出粮食400万～
800万石（24 000万～48 000万千克）

◇ 1912—1949年 民国时期
   连云港1937年货物吞吐量50.97万吨
   南京港1947年货物吞吐量121万吨

江苏漕运历史

历史上各王朝将田赋粮食由水运运输，以供宫廷消费、百官俸禄、军饷支付等，称漕运。江苏因其为天下粮仓，水网密布，在中国漕运史上拥有重要地位。

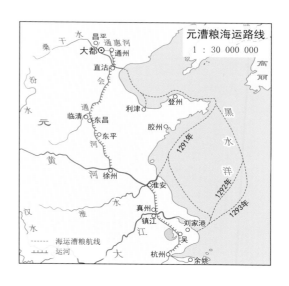

江苏漕运简史

战国　开邗沟

魏晋　开破岗渎、淮阳渠

隋唐　开山阳渎、通济渠、永济渠、江南河，通五大水系

元朝　漕运进入海运为主、河运为辅、海河联运的新阶段

明清　整治大运河、开凿中运河，建立黄淮运交汇枢纽

郑和下西洋

1405年，郑和奉明朝永乐皇帝之命，率领大约27 000人组成的庞大船队，从太仓浏家港出发远赴西洋。此后28年里，郑和先后远洋七次，将中国古代的航海事业推向了前所未有的巅峰，达成世界航海史上的空前壮举。其间，他们访问了西太平洋和印度洋的30多个国家和地区，加深了中国与东南亚、东非的友好关系。

南京宝船遗址公园

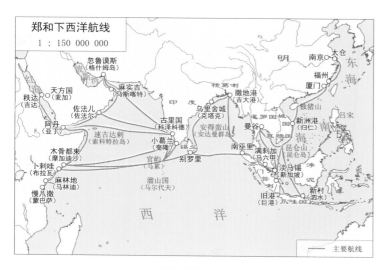

（据明茅元仪编《武备志》卷二百四十整理）

郑和七下西洋简史

一　永乐三年至永乐五年（1405—1407年）

终点为古里（今印度卡利卡特）

二　永乐五年至永乐七年（1407—1409年）

终点为古里（今印度卡利卡特），分船队到达阿拨把丹

三　永乐七年至永乐九年（1409—1411年）

终点为古里（今印度卡利卡特），其间曾在马六甲修筑城寨

四　永乐十一年至永乐十三年（1413—1415年）

终点为忽鲁谟斯（今伊朗霍尔木兹），分船队到达摩加迪沙等地

五　永乐十五年至永乐十七年（1417—1419年）

终点为东非麻林（今肯尼亚马林迪），分船队曾绕东非沿海诸港口航行

六　永乐十九年至永乐二十年（1421—1422年）

终点为东非卜剌哇（今索马里布拉瓦），分船队曾绕东非沿海诸港口航行

七　宣德六年至宣德八年（1431—1433年）

终点为东非竹步（即麻林），分船队访问了天方（今沙特阿拉伯麦加）

资料来源：《中国海洋文化·江苏卷》

海盐文化

不同时期海盐产地分布
（秦汉、宋、清、今）

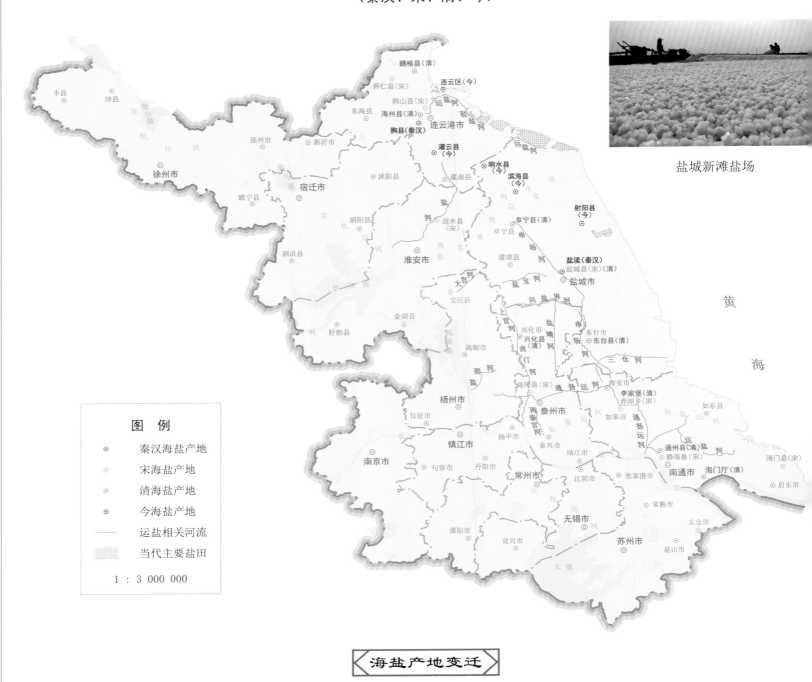

盐城新滩盐场

图 例

⊙ 秦汉海盐产地
⊙ 宋海盐产地
⊙ 清海盐产地
⊙ 今海盐产地
—— 运盐相关河流
▦ 当代主要盐田

1 : 3 000 000

◁ 海盐产地变迁 ▷

江苏海盐产地的分布和海岸线、河流、植被等自然地理条件有着非常密切的关系。12世纪以后，黄河夺淮入海，海岸线东迁，盐场随之东移。清代，淮南土卤淡薄、产量低下，盐场向产盐丰厚的淮北迁移。民国时期，淮南废灶兴垦，淮北成为主要的产盐基地。

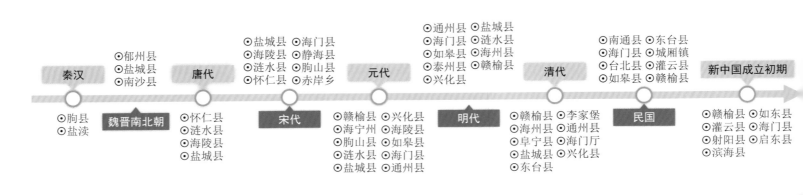

秦汉	⊙朐县 ⊙盐渎
魏晋南北朝	⊙怀仁县 ⊙涟水县 ⊙海陵县 ⊙盐城县
唐代	⊙郁州县 ⊙盐城县 ⊙南沙县
宋代	⊙盐城县 ⊙海门县 ⊙海陵县 ⊙静海县 ⊙涟水县 ⊙朐山县 ⊙怀仁县 ⊙赤岸乡 ⊙赣榆县 ⊙兴化县 ⊙海宁州 ⊙海陵县 ⊙朐山县 ⊙如皋县 ⊙涟水县 ⊙海门县 ⊙盐城县 ⊙通州县
元代	⊙通州县 ⊙盐城县 ⊙海门县 ⊙涟水县 ⊙如皋县 ⊙海州县 ⊙泰州县 ⊙赣榆县 ⊙兴化县
明代	⊙赣榆县 ⊙李家堡 ⊙海州县 ⊙通州县 ⊙阜宁县 ⊙海门厅 ⊙盐城县 ⊙兴化县 ⊙东台县
清代	⊙南通县 ⊙东台县 ⊙海门县 ⊙城厢镇 ⊙台北县 ⊙灌云县 ⊙如皋县 ⊙赣榆县
民国	⊙赣榆县 ⊙如东县 ⊙灌云县 ⊙海门县 ⊙射阳县 ⊙启东县 ⊙滨海县
新中国成立初期	

海盐文化

江苏盐场历史

唐 两淮人民开沟引潮，铺设亭场，晒灰淋卤，撇煎锅熬，设专场产盐

宋 煮海为盐工艺成熟，《通州煮海录》记载为：碎场、晒灰、淋卤、试莲、煎盐、采花

元 江苏拥有30个盐场，煮盐规模居全国首位

明 江苏盐业由煎盐发展到晒盐

清 江苏盐场占地面积最大、行销地域最广、课税最重、官场摊派银两最多

明代两淮盐场总图（选自嘉靖两淮盐法志）

海盐与地名

在古海盐产地上，诞生了大量被盐卤浸泡过的"咸味"地名，仅盐城一市就有650多处，形成了系列完整的海盐地名文化。含有以下文字的地名，基本都与"盐"有关。

圩　滩　灶　场　荡　团　总　墩

垛　亭　锅　瞳　仓　坨　盘　鏺

串场河

初为唐代修筑海堤形成的复堆河，将富安、安丰、梁垛、东台、何垛、丁溪、草堰、小海、白驹、刘庄等盐场串联起来，故称串场河。串场河全长170千米。

运盐河

西起扬州茱萸湾，经海陵、如皋蟠溪、白蒲，后至南通九圩港，其外运通泰地区食盐。民国中期，因盐产量日益减少，改称"通扬运河"。但仍有其他河流在使用运盐河的名称。

西溪盐官

盐城东台的西溪地区曾是重要的海盐产地，宋代三任西溪盐官吕夷简、晏殊、范仲淹，离开西溪后均位居宰相，史称"西溪三相"。他们在担任盐官期间，造福一方，惠及后人。

吕夷简，1007—？年任盐官，任内修建盐仓、完善盐税制度。

晏殊，1010—1013年任盐官，任内建西溪书院、办教讲学。

范仲淹，1021—1024年任盐官，任内始建海堤、稳定盐业。

新石器时代捕鱼工具

新石器时代的捕鱼工具有"沪"、陶坠、鱼骨镖等。

渔民在古松江口创造了用"沪"捕鱼的方法。在浅水区域堆砌石头形成一个包围圈，涨潮时海水没过石头，退潮时鱼儿回游不及时，被困在堆砌的石头之内。

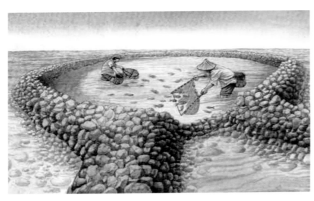

沪(示意)

陶坠(示意)

江苏传统海洋捕捞工具 —— 黄鱼张网

黄鱼张网，也称黄花鱼张网，是江苏捕捞小黄鱼（兼捕大黄鱼、河鲀、梅童鱼等）的传统作业渔具。

黄鱼张网网身呈截头圆锥形，长40米左右，左右两侧装2根长毛竹撑杆，以维持其网口水平横向扩张，分别用大船和舢板同时抛重一口大锚和一口小锚作根，设置于鱼游通道上，依靠潮流冲力，迫使鱼群进网。1958年以后，黄鱼张网逐步被竖头网(船单锚张网)所替代。

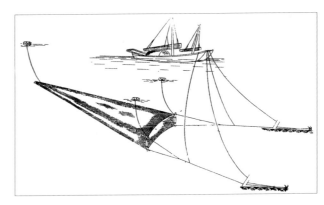

黄鱼张网作业(示意)

江苏传统渔船 —— 沙船

沙船(示意)

沙船是中国古代四大渔船之一，方头方艄、平底，吃水浅。船在退潮时可以平稳搁滩，适合长江口以北水域条件，最早在今江苏、崇明一带使用。

海洋渔业文化

明清时代海洋政策

1403—1424年	1655年	1883年
明永乐年间，禁止片帆寸板下海。	清顺治年间，强迫海滨居民尽徙内地。	清光绪九年，左宗棠在江苏沿江沿海22个厅州县创设渔团。

1371年	1558年	1684年
明洪武四年，禁止沿海居民私自出海。	明嘉靖三十七年，沿海弛禁，渔民踊跃出海从事渔业活动。	清康熙二十三年，弛海禁。

渔权即海权

张謇，1853—1926年，江苏南通人，清末状元，中国近代著名实业家、教育家、慈善家、社会活动家，伟大的爱国主义者。

19世纪末20世纪初，德、日等国渔轮在我国海域侵渔猖獗。张謇认为"渔权即海权"，倡议并创办了江浙渔业公司，购买了我国第一艘拖网渔轮。张謇有言，办渔业公司不在赢利，"护渔权，张海权"才是根本目的。

张謇是向世界宣示我国海界的第一人。

张謇

张绪武（张謇之孙）为上海海洋大学题词

张謇纪念馆

稳中求进的谋篇布局

6

"十四五"海洋经济发展目标

到2025年，全省海洋经济实力显著增强，海洋科技创新更趋活跃，现代海洋产业体系加速构建，海洋生态环境保护成效彰显，海洋管理服务水平稳步提升，高水平海洋开放新格局基本形成，海洋强省建设迈上新台阶。

经济活力

海洋生产总值1.1万亿元左右；

海洋生产总值占地区生产总值比重不少于8%；

海洋新兴产业增加值占主要海洋产业增加值比重提高3%；

海洋制造业占海洋生产总值比重保持基本稳定。

创新驱动

涉海规模以上工业企业研发经费占比不少于2%；

海洋科技对海洋经济贡献率不低于68%。

绿色发展

海上风电累计装机容量达到1 400万千瓦；

自然岸线保有率不低于35%；

近岸海域水质优良率（一、二类）达到国家下达指标。

开放合作

开放合作港口外贸货物吞吐量6亿吨。

连云港自由贸易试验区

盐城滩涂岸线

南通海上风电

空间布局

根据海洋资源禀赋、生态环境容量、产业基础和发展潜力，突出高质量发展和"全省一盘棋"导向，调整优化全省海洋经济布局，不断拓展蓝色经济新空间，高质量打造沿海海洋经济隆起带，高水平建设沿江海洋经济创新带，高起点拓展腹地海洋经济培育圈。

构建特色彰显的现代海洋产业体系

海洋科创力量整合

深海环境模拟
海洋系统观测
海洋灾害预报
滩涂资源利用
……

海工装备重点实验室
海洋类国家工程中心
构建军民融合创新平台
鼓励涉海企业建立新型海洋研发载体
培育国家级海洋特色产业园
构建海洋科技创新体系
海上风电领域海工装备
海工风电装备创新园

海洋关键技术突破

高技术船舶及
海工装备

海上风电

海洋药物和
生物制品

海洋科技成果转化

- 实施一批重大优质科创项目

- 统筹实施国家战略任务，实现原始创新和战略技术突破

- 规划建设一批海洋技术转移中心和科技成果转化服务示范基地

- 加快培育海洋创新型龙头企业

- 加快新技术在海洋领域的应用

- 加快海洋产业知识产权保护与运营体系构建

构建特色彰显的现代海洋产业体系

传统产业
深度转型

新兴产业
提质扩能

服务业
拓展升级

数字经济
加速发展

临海产业
集聚集约

海州湾国家级海洋牧场示范区
（公益性海洋牧场）

北出海口及
临海产业重点布局

秦山岛东部海域国家级海洋牧场示范区

连云港市

孔望山

淮河经济带出海门户及
临海产业重点布局

宿迁市

射阳风电产业园

淮安市

盐城市

大丰风电产业园

东台海洋工程特种装备产业园

普哈丁墓

仙鹤寺

扬州市

文峰塔

泰州市

掘港国清寺遗址

南黄海国家级
海洋牧场示范区

南出海口及
临海产业重点布局

龙江船厂遗址

镇江市

崇川区船舶及海洋工程
产业基地

渤泥国王墓

南京市

镇江特种船舶及海洋工程
装备特色产业基地

南通市

郑和墓

明故宫

近岸牡蛎礁
生态修复产业带

洪保墓

黄泗浦遗址

启东海工装备特色产业基地

常州市

樊村泾遗址

无锡市

中船海洋探测
技术产业园

浏河天妃宫遗址

苏州市

列

备申遗预备清单名录

备产业园区

业园区

500 000

构建特色彰显的现代海洋产业体系

建设人海和谐的海洋生态文明格局

图　例

沿海地区
沿江地区
非沿海沿江地区
海岸带示意

生态保护
陆源污染物排放防控点
实施"湾长制"的乡镇

风险防控
省级海域动态监管中心
市级海域动态监管中心
区县级海域动态监管中心

海洋预警
海洋观测平台
海洋观测浮标

比例尺1：1 500 000

促进海洋经济绿色发展，深化海岸带资源科学配置与管理，制定海岸带综合保护与利用规划，加强海域、滩涂、湿地等自然资源综合保护利用，推进海洋产业生态化、生态产业化进程，建设生态海岸带。

海洋保护

建立健全海洋生态保护修复制度体系，实施沿海陆域、近岸海域、入海河道的固定源污染排放许可证制度，严控陆源污染物排海总量。

防控海洋生态环境风险

按照"事前防范、事中管控、事后处置"全程监管要求，加强对涉海企业和海上作业的安全生产监督管理，构建分区分类的海洋环境风险预警防控网络体系。

提高海洋预报预警能力

优化沿海海洋观测网布局，建设高时空分辨率海洋观测网。

海洋环境综合岸基自动监测站

海洋站

海洋浮标

滨海月亮湾海岸线修复

自然生态岸线保护

建设人海和谐的海洋生态文明格局

拓展聚合有力的海洋经济开放空间

国际经贸合作

连云港始发的中欧班列

连云港至南美洲西海岸的货轮

南通国际邮轮港

发挥亚欧大陆桥优势，开展中欧海铁联运合作

开展中欧铁联运

开展海洋工程装备、海洋船舶合作

开展海洋渔业养殖合作

大

欧

亚

西

洋

印

度

盐城跨境电商公共服务中心

盐城跨境电商综合服务设施

海洋文化交流

海洋文化研究中心揭牌仪式

南京大学海洋文化研究中心

海洋经贸合作交流

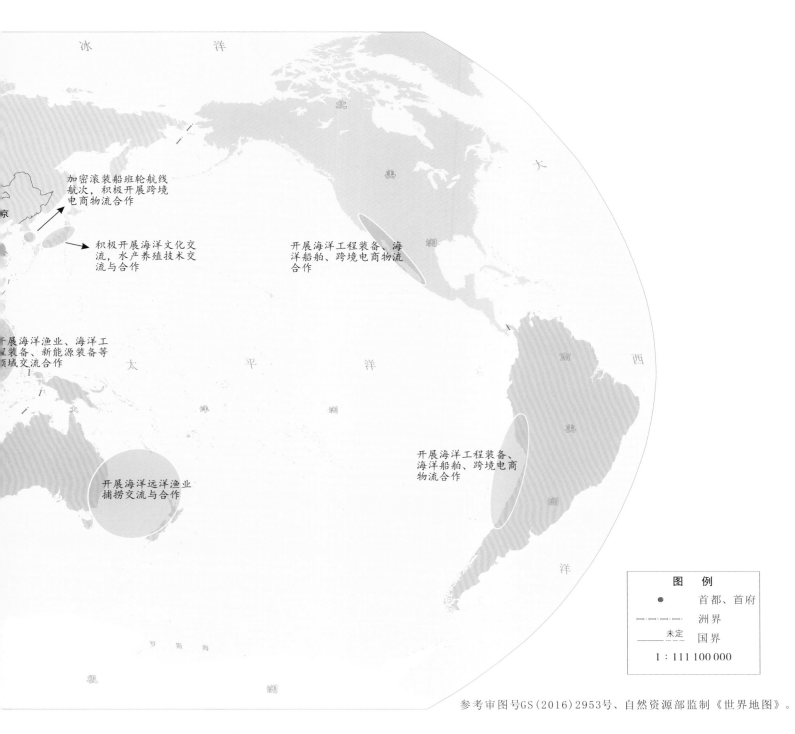

加密滚装船班轮航线航次，积极开展跨境电商物流合作

积极开展海洋文化交流，水产养殖技术交流与合作

开展海洋工程装备、海洋船舶、跨境电商物流合作

开展海洋渔业、海洋工程装备、新能源装备等领域交流合作

开展海洋远洋渔业捕捞交流与合作

开展海洋工程装备、海洋船舶、跨境电商物流合作

图 例	
●	首都、首府
—·—·—·—	洲界
———— 未定	国界
	1 : 111 100 000

参考审图号GS（2016）2953号、自然资源部监制《世界地图》。

故里海洋文化节

韩国（盐城）社区

中国南通江海国际博览会